Organizando PROJETOS de pesquisa

Organizando PROJETOS de pesquisa

ORGANIZADORES:

ADONAI JOSÉ LACRUZ
PROFESSOR NO IFES E NO PPGADM/UFES

MARIA CLARA DE OLIVEIRA LEITE
PESQUISADORA DO GESIP/UFES

De Forma Prática, Elaborada e Sem Complicação!

COAUTORES:

BRUNO LUIZ AMÉRICO,
DANILO SOARES MONTE-MOR,
FAGNER CARNIEL,
JOELMA DE RIZ,
TALLES VIANNA BRUGNI e
VALCEMIRO NOSSA

ALTA BOOKS
GRUPO EDITORIAL
Rio de Janeiro, 2023

Organizando Projetos de Pesquisa

Copyright © 2023 da Starlin Alta Editora e Consultoria Eireli.
ISBN: 978-85-508-1906-8

Impresso no Brasil – 1ª Edição, 2023 — Edição revisada conforme o Acordo Ortográfico da Língua Portuguesa de 2009.

Todos os direitos estão reservados e protegidos por Lei. Nenhuma parte deste livro, sem autorização prévia por escrito da editora, poderá ser reproduzida ou transmitida. A violação dos Direitos Autorais é crime estabelecido na Lei nº 9.610/98 e com punição de acordo com o artigo 184 do Código Penal.

A editora não se responsabiliza pelo conteúdo da obra, formulada exclusivamente pelo(s) autor(es).

Marcas Registradas: Todos os termos mencionados e reconhecidos como Marca Registrada e/ou Comercial são de responsabilidade de seus proprietários. A editora informa não estar associada a nenhum produto e/ou fornecedor apresentado no livro.

Erratas e arquivos de apoio: No site da editora relatamos, com a devida correção, qualquer erro encontrado em nossos livros, bem como disponibilizamos arquivos de apoio se aplicáveis à obra em questão.

Acesse o site **www.altabooks.com.br** e procure pelo título do livro desejado para ter acesso às erratas, aos arquivos de apoio e/ou a outros conteúdos aplicáveis à obra.

Suporte Técnico: A obra é comercializada na forma em que está, sem direito a suporte técnico ou orientação pessoal/exclusiva ao leitor.

A editora não se responsabiliza pela manutenção, atualização e idioma dos sites referidos pelos autores nesta obra.

Dados Internacionais de Catalogação na Publicação (CIP) de acordo com ISBD

L149o   Lacruz, Adonai José
       Organizando Projetos de Pesquisa: De Forma Prática, Elaborada e Sem Complicação! / Adonai José Lacruz, Maria Clara de Oliveira Leite ; organizado por Adonai José Lacruz, Maria Clara de Oliveira Leite. - Rio de Janeiro : Alta Books, 2023.
       192 p. ; 16cm x 23cm.

       Inclui índice.
       ISBN: 978-85-508-1906-8

       1. Metodologia de pesquisa. 2. Projetos de Pesquisa. I. Leite, Maria Clara de Oliveira. II. Título.

2022-3918   CDD 001.42
                CDU 001.81

Elaborado por Vagner Rodolfo da Silva - CRB-8/9410

Índice para catálogo sistemático:
1. Metodologia de pesquisa 001.42
2. Metodologia de pesquisa 001.81

Produção Editorial
Grupo Editorial Alta Books

Diretor Editorial
Anderson Vieira
anderson.vieira@altabooks.com.br

Editor
José Ruggeri
j.ruggeri@altabooks.com.br

Gerência Comercial
Claudio Lima
claudio@altabooks.com.br

Gerência Marketing
Andréa Guatiello
andrea@altabooks.com.br

Coordenação Comercial
Thiago Biaggi

Coordenação de Eventos
Viviane Paiva
comercial@altabooks.com.br

Coordenação ADM/Finc.
Solange Souza

Coordenação Logística
Waldir Rodrigues

Gestão de Pessoas
Jairo Araújo

Direitos Autorais
Raquel Porto
rights@altabooks.com.br

Assistente Editorial
Matheus Mello

Produtores Editoriais
Illysabelle Trajano
Maria de Lourdes Borges
Paulo Gomes
Thales Silva
Thiê Alves

Equipe Comercial
Adenir Gomes
Ana Carolina Marinho
Ana Claudia Lima
Daiana Costa
Everson Sete
Kaique Luiz
Luana Santos
Maira Conceição
Natasha Sales

Equipe Editorial
Ana Clara Tambasco
Andreza Moraes
Arthur Candreva
Beatriz de Assis
Beatriz Frohe

Betânia Santos
Brenda Rodrigues
Caroline David
Erick Brandão
Elton Manhães
Fernanda Teixeira
Gabriela Paiva
Henrique Waldez
Karolayne Alves
Kelry Oliveira
Lorrahn Candido
Luana Maura
Marcelli Ferreira
Mariana Portugal
Milena Soares
Patricia Silvestre
Viviane Corrêa
Yasmin Sayonara

Marketing Editorial
Amanda Mucci
Guilherme Nunes
Livia Carvalho
Pedro Guimarães
Thiago Brito

Atuaram na edição desta obra:

Revisão Gramatical
Edite Siegert
Natália Pacheco

Diagramação | Layout
Joyce Matos

Capa
Marcelli Ferreira

Editora afiliada à: ASSOCIADO

Rua Viúva Cláudio, 291 – Bairro Industrial do Jacaré
CEP: 20.970-031 – Rio de Janeiro (RJ)
Tels.: (21) 3278-8069 / 3278-8419
www.altabooks.com.br – altabooks@altabooks.com.br
Ouvidoria: ouvidoria@altabooks.com.br

"Escrever é fácil: você começa com uma letra maiúscula e termina com um ponto-final. No meio você coloca ideias."

PABLO NERUDA

SOBRE OS AUTORES

ADONAI JOSÉ LACRUZ *(ORGANIZADOR)*

Administrador. Mestre em Economia. Doutor em Administração pela Universidade Federal do Espírito Santo (UFES). Fez pós-doutorado em Administração e Contabilidade pela Fucape Business School. É professor no Instituto Federal do Espírito Santo (Ifes) e no Programa de Pós-graduação em Administração (PPGAdm) da UFES.

MARIA CLARA DE OLIVEIRA LEITE *(ORGANIZADORA)*

Administradora. Mestra em Engenharia e Desenvolvimento Sustentável. Doutoranda em Administração pela Universidade Federal do Espírito Santo (UFES) com período como pesquisadora visitante na Cardiff University.

BRUNO LUIZ AMÉRICO

Administrador. Mestre em Administração. Doutor em Administração pela Universidade Federal do Espírito Santo (UFES) com período-sanduíche na University of Technology Sydney. É pesquisador do Grupo de Estudos de Criatividade e Inovação da UFES.

DANILO SOARES MONTE-MOR

Matemático. Mestre em Economia. Doutor em Ciências Contábeis e Administração pela Fucape Business School, com período-sanduíche na University of Arkansas. É professor associado na Fucape, atuando na graduação e pós-graduação acadêmica e profissional.

FAGNER CARNIEL

Cientista Social. Mestre em Sociologia. Doutor em Sociologia Política pela Universidade Federal de Santa Catarina (UFSC). Fez pós-doutorado em Sociologia pela Universidade Federal do Paraná (UFPR). É professor associado do Departamento de Ciências Sociais da Universidade Estadual de Maringá (UEM). Participa do Mestrado Profissional de Sociologia em Rede Nacional (ProfSocio).

JOELMA DE RIZ

Jornalista e licenciada em Ciências Sociais. Mestre em Processos Psicossociais da Aprendizagem. Sócia-proprietária da Oh, my tese!, que oferece a mestrandos e doutorandos ferramentas para a produção de suas teses e dissertações.

TALLES VIANNA BRUGNI

Contador e administrador. Mestre em Ciências Contábeis. Doutor em Controladoria e Contabilidade pela Universidade de São Paulo (USP). Fez pós-doutorado em Finanças pela PUC-RIO. É professor associado na Fucape Business School, atuando na graduação e pós-graduação acadêmica e profissional. É coordenador da certificação ANEFAC Controller no Brasil (CCA e CCA+). É editor-chefe da *Brazilian Business Review*.

VALCEMIRO NOSSA

Contador. Mestre e Doutor em Controladoria e Contabilidade pela Universidade de São Paulo (USP). É professor e diretor da Fucape Business School. É coordenador dos cursos de Mestrado e Doutorado Profissional em Ciências Contábeis da Fucape. Membro da Academia Brasileira de Ciências Contábeis (ABRACICON). Membro da Academia Capixaba de Ciências Contábeis (ACACICON).

SUMÁRIO

PARTE 1

1. Apresentação — 3

PARTE 2

2. Projeto de Pesquisa — 9
3. Escolha do Tema — 11
4. Inventário Preliminar da Literatura — 15
5. Canvas de Projeto de Pesquisa — 21
6. Projeto de Pesquisa – Revisão da Literatura e Fundamentação Teórica — 41
7. Projeto de Pesquisa – Introdução — 61
8. Projeto de Pesquisa – Procedimentos Metodológicos — 79

PARTE 3

9. Programas Profissionais e os Produtos Tecnológicos — 107
10. Ética Aplicada à Pesquisa Social — 131
11. Escrita Científica: Uma Abordagem Comportamental — 149

PARTE 4

12. Considerações Finais   175

Índice   177

PARTE 1

CAPÍTULO 1

APRESENTAÇÃO

Adonai José Lacruz e
Maria Clara de Oliveira Leite

ALUNOS DE GRADUAÇÃO E PÓS-GRADUAÇÃO PODEM ENFRENTAR DIFIculdades para elaborar projetos de pesquisa de Trabalhos de Conclusão de Curso (isto é, TCC), dissertações e teses.

Particularmente para os alunos de graduação e de mestrado, que não fizeram iniciação científica, os livros-texto de metodologia da pesquisa científica podem não direcionar, concretamente, os passos envolvidos na elaboração de projetos de pesquisa.

Igualmente, professores e pesquisadores podem precisar de ajuda na elaboração de propostas para financiamento de projetos de pesquisa e para propostas de artigos.

O principal objetivo do livro, como sugere seu título, é facilitar a organização de projetos de pesquisa. Pela nossa formação acadêmica, este livro se mostra mais aderente à área de ciências sociais aplicadas.

Em uma perspectiva ampla, o livro pode ser útil como obra de referência de disciplinas de metodologia da pesquisa científica tanto de cursos de graduação quanto de pós-graduação *lato sensu* (especialização ou

MBA) e *stricto sensu* (mestrado e doutorado); ou como obra de consulta aos interessados no tema.

O livro está dividido em doze capítulos. Este primeiro capítulo de apresentação; o segundo, sobre a finalidade do projeto de pesquisa; o terceiro, a respeito da escolha do tema dos projetos de pesquisa; o quarto, sobre o inventário preliminar da literatura, como estratégia para conhecer mais sobre o tema de interesse; o quinto, no qual introduzimos o Canvas de projetos de pesquisa como peça para o delineamento inicial de projetos de pesquisa; depois seguem os capítulos sexto, sétimo e oitavo, nos quais apresentamos quadros sinóticos como guias de orientação sobre os conteúdos da Revisão da literatura e Fundamentação Teórica, da Introdução e dos Procedimentos Metodológicos de projetos de pesquisa; o nono capítulo, que trata sobre projetos de pesquisa para programas de pós-graduação *stricto sensu* profissionais; o décimo, sobre ética em pesquisa social; o décimo primeiro, no qual é apresentada uma abordagem comportamental sobre a escrita científica; por fim, o décimo segundo (e derradeiro capítulo), com considerações finais.

Esses capítulos estão organizados em quatro partes. A Parte I, com essa apresentação; a Parte II com os capítulos 2 a 8; a Parte III com os capítulos 9 a 11; e, por fim, a Parte IV com o capítulo 12.

Na Parte I envolvemos os elementos do roteiro proposto para organização de projetos de pesquisa (Figura 1.1).

Cabe esclarecer que, na descrição dos quadros sinóticos dos conteúdos da Introdução, da Revisão da Literatura e Fundamentação Teórica e dos Procedimentos Metodológicos, foi adotada a ordem de elaboração, e não a de impressão dos projetos de pesquisa.

Dito de outra forma, privilegiamos um roteiro na sequência com a qual geralmente os projetos de pesquisa são elaborados: Revisão da Literatura e Fundamentação Teórica, Introdução e Procedimentos Metodológicos, reconhecendo-se, porém, que essas peças são revisitadas e reescritas em um *continuum*.

Apresentação

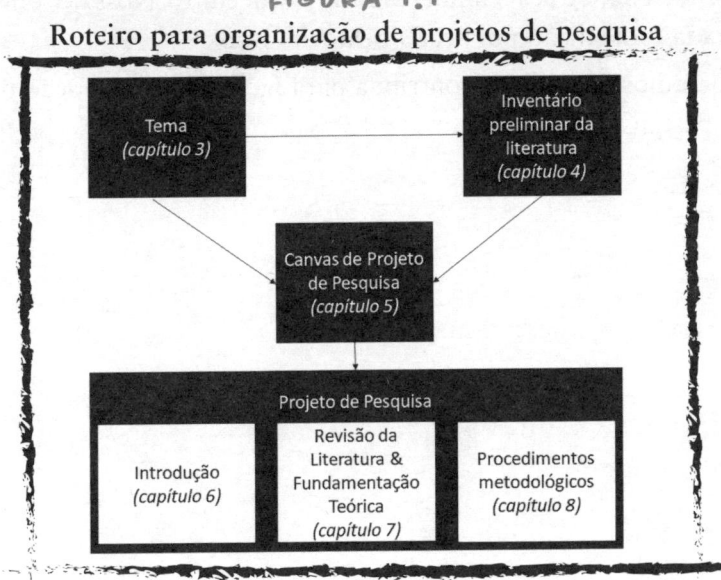

FIGURA 1.1
Roteiro para organização de projetos de pesquisa

No decorrer de alguns capítulos, procuramos apresentar exemplos de cada aspecto-chave da discussão. Para esse desafio, optamos por usar nossa própria produção como exemplo. Primeiro, pela familiaridade com seu conteúdo; segundo, para evidenciar que o livro decorre também da nossa prática de elaborar projetos de pesquisa.

E, na Parte III do livro, organizamos os conteúdos na forma de "tópicos especiais".

A motivação para escrever o livro nasceu da experiência de elaborar e ensinar a elaborar projetos de pesquisa nos cursos de mestrado e doutorado em Administração da Universidade Federal do Espírito Santo: o professor (Adonai José Lacruz) e a monitora (Maria Clara de Oliveira Leite) acordaram em reunir suas anotações e empregar seus esforços na produção da primeira edição deste guia, publicado de forma independente em 2021.

Somaram esforços à ampliação daquela primeira versão os professores Bruno Luiz Américo, Danilo Soares Monte-Mor, Fagner Carniel,

Organizando Projetos de Pesquisa

Joelma De Riz, Talles Vianna Brugni e Valcemiro Nossa. Com eles foi elaborada esta edição publicada pela Alta Books.

Esperamos que o livro contribua para facilitar a elaboração de projetos de pesquisa.

Boa leitura!

PARTE 2

CAPÍTULO 2

PROJETO DE PESQUISA

Adonai José Lacruz e
Maria Clara de Oliveira Leite

ELABORAR UM PROJETO DE PESQUISA É UM EXERCÍCIO DE COMUNICAção. Do pesquisador, em comunicar-se consigo, tomando o projeto como a linha de base da sua pesquisa; e com seu público, seja o orientador, os membros da banca de qualificação (mais comuns em programas de cursos de mestrado e de doutorado) ou os membros da comissão de avaliação de editais de financiamento de pesquisas de organizações públicas (por exemplo, CNPq) e privadas (por exemplo, Spencer Foundation).

Escrever um projeto de pesquisa é, então, uma ação de planejamento. Ao final, o projeto de pesquisa deve refletir, no mínimo, a viabilidade de a pesquisa ser desenvolvida.

Isso passa pela caracterização do problema de pesquisa, como um problema científico (veja Santos, 1989); adequação da lente teórica para investigar o fenômeno de interesse; correção dos procedimentos metodológicos para atingir os objetivos propostos; e exequibilidade em relação ao tempo e aos recursos disponíveis.

Em projetos de pesquisa desenvolvidos para teses e em resposta a editais de financiamento de pesquisa, há um aspecto adicional relacionado ao potencial de a pesquisa trazer avanços para o conhecimento estabelecido (isto é, modificar o *status quo* do campo).

Escrever um projeto de pesquisa é, também, um esforço de empatia. Tanto por se voltar a achados que possam servir aos outros, movimentando o diálogo presente na literatura, quanto por se constituir peça de comunicação com públicos externos ao projeto de pesquisa.

Não é fácil se comunicar. Aquilo que se entendeu estar claro, quando posto à prova da leitura alheia, muitas vezes se mostra merecedor de retoques. Por isso não é incomum que a versão final de um projeto de pesquisa ganhe fôlego novo e se manifeste em versão final-2, versão final-3... até a tão esperada versão final-final.

Atribui-se ao escritor Joseph Conrad (correndo-se aqui o risco da imprecisão) a frase: "O autor escreve apenas metade de um livro. A outra metade fica por conta do leitor." Se assim for, cabe nos ocuparmos de fazer bem à nossa metade.

REFERÊNCIA

Santos, B. de S. (1989). *Introdução a uma ciência pós-moderna* (Cap. 2, pp. 33-49). Porto: Afrontamento.

CAPÍTULO 3

ESCOLHA DO TEMA

Adonai José Lacruz e
Maria Clara de Oliveira Leite

UM PROJETO DE PESQUISA SE INICIA PELA DEFINIÇÃO DO TEMA, OU seja, do tópico que se pretende investigar. Neste ponto ainda não é preciso restringir o tema, delimitando seu alcance. No encadeamento proposto para o livro, isso será feito no canvas de projeto de pesquisa (Capítulo 5).

São exemplos de temas de pesquisa: avaliação de políticas públicas, gestão de risco em cadeias de suprimento, sucessão em empresas familiares etc.

O tema é definido a partir dos interesses do próprio pesquisador. Ou seja, um assunto sobre o qual deseja conhecer mais – sendo ou não o tema novo ao pesquisador.

Naturalmente, as experiências pessoais e profissionais do pesquisador têm forte relação com a escolha do tema. Porém, é importante observar que o projeto de pesquisa seja também do interesse de outros.

No processo de comunicação científica, no qual artigos decorrentes do projeto de pesquisa serão submetidos a revistas, por exemplo, é preciso "convencer" o editor, o editor associado e os revisores da relevância do estudo para a audiência da revista. Portanto, nessa ocasião, o interesse do pesquisador (isoladamente) pouco contribui para que se avance no fluxo editorial.

Sobre isso, Colquitt e George (2011), no primeiro editorial de uma série promovida pelo Academy of Management Journal (AMJ), expõem que muitas rejeições de artigos no AMJ decorrem da escolha do tema, independentemente de quão bem foram desenvolvidos, pois não tinham apelo junto aos editores e aos revisores. Narraram, ainda, que, por outro lado, muitos artigos seguem no processo editorial (em rodadas de revisões) em decorrência da escolha do tema. Enfim, o tema parece ser a chave de um dos portões das revistas mais prestigiadas.

Não se pode deixar de registrar, porém, que a forma como o tema é abordado é mais importante, nesse contexto, do que o próprio tema como elemento com potencial de induzir ou reprimir o interesse da sua audiência.

Adicionar algo ao diálogo existente na literatura sobre o tema, seja por trazer novas perspectivas analíticas às vozes anteriores ou por se constituir uma nova voz, é fundamental. Assim, é preciso conhecer as vozes anteriores. Para tanto sugerimos o desenvolvimento de um inventário preliminar da literatura, sobre o qual se trata no capítulo seguinte.

Escolha do Tema

DICAS

Essa dica diz respeito a projetos de pesquisa relacionados a trabalhos finais de programas de pós-graduação. Projetos de pesquisa dessa natureza requerem que o tema seja aderente tanto ao aluno quanto ao orientador. Essa relação orientador-orientando é de suma importância para o resultado final da pesquisa. A este respeito, pode-se considerar a orientação não como algo rígido, no sentido de que ambos (orientador e orientando) possuem necessidades e demandas (similares e distintas), precisando-se ajustar uns aos outros. Trata-se de uma questão de alinhamento e de estar atento àquilo que é possível ceder no processo de orientação. A partir do momento em que há algum elemento essencial a uma das partes, no qual não se pode negociar, pode haver uma ruptura para tornar viável a execução do projeto. Caso contrário, negociações são feitas ao longo de todo o processo até alcançar o objetivo.

Ambos devem balancear a necessidade de (1) o orientador conhecer bem o tema ou conhecer pouco, mas se interessar em conhecer mais; e (2) que o aluno esteja entusiasmado com o tema. Do contrário, (1) o professor não conseguirá cumprir seu papel de orientador e/ou (2) o aluno, se conseguir, levará a cabo a pesquisa de forma penosa.

REFERÊNCIA
Colquitt, J. A., e George, G. (2011). From the editors: Publishing in AMJ – part 1: Topic choice. *Academy of Management Journal, 54*(3), 432-435.

SUGESTÃO DE LEITURA
Eco, U. (1977). *Como se faz uma tese* (Cap. 2, pp. 07-34). São Paulo: Perspectiva.

Exercícios

1. Selecione 3 temas de pesquisa que sejam do seu interesse.
2. Com base no resultado do exercício 1, ordene os temas pela sua preferência.

CAPÍTULO 4

INVENTÁRIO PRELIMINAR DA LITERATURA

Adonai José Lacruz e
Maria Clara de Oliveira Leite

DEFINIDO O TEMA QUE SERÁ INVESTIGADO, SUGERIMOS QUE SEJA REAlizado um inventário preliminar da literatura a esse respeito. Nessa etapa, não se trata de algo exaustivo, por isso o denominamos de inventário preliminar.

O objetivo desse inventário é duplo: inicialmente, conhecer como o tema tem sido abordado em relação às lentes teóricas usadas e aos procedimentos metodológicos adotados (Tabela 4.1); em seguida, mapear a literatura que será retomada no momento da redação do projeto de pesquisa (Tabela 4.2). Isso evita que se tenha a sensação de já ter lido sobre algo em algum artigo ou livro, mas não se lembrar em qual; e, consequentemente, o esforço (evitável) de reler as fontes exploradas na busca dessa literatura.

Esse inventário, com o avanço do projeto de pesquisa, perderá o caráter preliminar e servirá, inclusive, para a produção dos produtos decorrentes do projeto (por exemplo, dissertação, tese, artigo, pôster etc.) e, também, para o desenvolvimento de outros projetos de pesquisa sobre o mesmo tema que venham a ser realizados.

As consultas podem ser feitas em diversas bases de dados, como Scopus, Web of Science, SciELO, ProQuest, EBSCO, Emerald, Willey, entre outras.

É importante selecionar adequadamente as palavras-chave que comporão os termos da busca (*query*), levando em consideração as possíveis variações linguísticas (e.g. *organization* [USA] e *organisation* [UK]). Além disso, é preciso conhecer a sintaxe das bases consultadas (ou seja, os operadores booleanos, os operadores de proximidade, as etiquetas de campo, as funções etc.), para que se possa elaborar uma estratégia de busca adequada.

Feita a busca, sugere-se que os títulos dos documentos identificados sejam lidos. Em seguida, não sendo descartada a aderência pelo título, segue-se a leitura do resumo. Por fim, se for confirmada a aderência pela leitura do resumo, que seja feito o *download* do artigo, para posterior leitura integral do documento.

É muito válido, também, ler revisões da literatura recentes (e.g. revisões sistemáticas, meta-análises, metassínteses etc.), pois lançam luz ao organizar um conjunto de estudos, muitas vezes identificando autores, documentos e periódicos *core* da área, teorias dominantes, temas emergentes etc. Os documentos *core* da área (sejam livros ou artigos) podem compor, inclusive, uma boa lista de leitura inicial.

Dando seguimento, sugere-se que o inventário preliminar seja feito em planilha eletrônica (como MS-Excel, LO-Calc etc.) e que seja usada a ferramenta "filtro" na coluna Assunto (confira Tabela 4.2), a fim de facilitar a consulta no inventário. Veja as partes 1 e 2 do modelo de inventário preliminar da literatura nas Tabelas 4.1 e 4.2, respectivamente.

TABELA 4.1
Inventário preliminar da literatura – Parte 1

ARQUIVO	TEORIA	COLETA DE DADOS	ANÁLISE DE DADOS	ANOTAÇÕES

Na coluna Arquivo é registrado o nome com o qual a fonte de consulta (por exemplo, artigo) foi salva no computador. Sugerimos que seja pela forma de citação (isto é, autor-ano).

Nas colunas Teoria, Coleta de dados e Análise de dados, são registradas, respectivamente, as bases teóricas, as técnicas de coleta de dados e as estratégias de análise de dados adotadas na investigação consultada.

Na coluna Anotações são registrados aspectos que possam ser úteis no momento de futuras consultas. Por exemplo, características do objeto de investigação (como o local), tamanho da amostra/*corpus* da pesquisa, entre outros aspectos.

Essa parte do inventário (Tabela 4.1), como já mencionado, revela como o tema do projeto de pesquisa foi investigado anteriormente, tanto acerca das teorias utilizadas para examinar o fenômeno de interesse quanto a respeito dos procedimentos de coleta e análise de dados empregados.

TABELA 4.2
Inventário preliminar da literatura – Parte 2

ARQUIVO	ASSUNTO	PÁGINAS

Na Tabela 4.2, na coluna Arquivo, deve ser feito o registro da mesma forma que na Tabela 4.1.

Na coluna Assunto são registrados os tópicos que também serão tratados no projeto de pesquisa. Para facilitar o procedimento de consulta com a ferramenta "filtrar", cada assunto deve ser inserido em uma linha, o que implica repetir o registro da coluna Arquivo.

Na coluna Páginas são apontadas as páginas nas quais os assuntos registrados foram tratados. Isso será particularmente útil durante a consulta que se faz no processo de redação do projeto de pesquisa.

Para facilitar o entendimento, mostra-se como exemplo um fragmento do inventário preliminar elaborado por Lacruz para seu projeto de tese de doutoramento, cujo tema foi governança corporativa no terceiro setor (Tabela 4.3 e 4.4).

TABELA 4.3
Inventário preliminar da literatura – Parte 1 (exemplo)

ARQUIVO	TEORIA	COLETA DE DADOS	ANÁLISE DE DADOS	ANOTAÇÕES
Hasnan et al. (2016)	Não informado	Levantamento documental (relatório anual - ONG)	Regressão múltipla MQO	Amostra = 98; Período = 2010 a 2013; Local = Malásia
Reddy, Locke e Fauzi (2013)	Teoria da agência	Dados secundários (New Zealand Charities Commission)	Regressão múltipla MQO; Regressão Tobit	Amostra = 881; Período = 2008 a 2010; Local = Nova Zelândia
...	...	...	...	...

Reforça-se que essa parte do inventário (Tabela 4.3) permite identificar como as pesquisas anteriores abordaram o tema, tanto em relação à teoria que sustenta as análises quanto aos procedimentos metodológicos. Isso confere uma boa visão geral ao pesquisador antes que ele inicie o projeto de pesquisa de forma propriamente dita.

Inventário Preliminar da Literatura

TABELA 4.4
Inventário preliminar da literatura – Parte 2 (exemplo)

ARQUIVO	ASSUNTO	PÁGINAS
Hasnan et al. (2016)	Mercado de doação	149
Hasnan et al. (2016)	Variáveis de controle	151
Hasnan et al. (2016)	Conselho de Administração	150
Hasnan et al. (2016)	Conselho de Administração -> Doações	151-152
Reddy, Locke e Fauzi (2013)	Conselho de Administração	H1 a H5
Reddy, Locke e Fauzi (2013)	Governança -> Eficiências	H1 a H5
Reddy, Locke e Fauzi (2013)	Governança -> Doações	115
Reddy, Locke e Fauzi (2013)	Variáveis de controle	118-119
Reddy, Locke e Fauzi (2013)	Robustez do modelo	125
Reddy, Locke e Fauzi (2013)	Endogeneidade	125

Note que, ao aplicar o filtro na coluna Assunto (Tabela 4.4) e buscar pelo termo "Variáveis de controle", a busca retornaria às linhas 3 e 9 (considerando o cabeçalho como a primeira linha). Isso facilitaria a consulta aos documentos quando esse assunto fosse ser tratado no projeto de pesquisa.

DICAS

Não se prenda ao conteúdo do inventário preliminar de pesquisa proposto. Considere ampliá-lo (novas colunas), ainda nesta etapa, para que reflita melhor os aspectos que julga serem pertinentes nesta fase de desenvolvimento do projeto de pesquisa.

Além disso, não perca de vista que o inventário será ampliado (novas linhas) no desenrolar do projeto de pesquisa.

Tenha em mente que se trata de um inventário preliminar; logo, não é exaustivo (linhas). Por outro lado, parte do argumento que sustenta a elaboração do inventário é evitar retrabalho, logo deve conter os elementos que serão úteis nas consultas que serão feitas no inventário (colunas).

SUGESTÃO DE LEITURA

Creswell, J. W. (2010). *Projeto de pesquisa: métodos qualitativo, quantitativo e misto* (Cap. 2, pp. 48-75). Porto Alegre: Artmed.

Exercícios

1. Selecione palavras-chave para o seu tema de pesquisa e elabore uma estratégia de busca para consultar ao menos uma base de dados (por exemplo, Scopus ou Web of Science).

2. Com base no resultado do exercício 1, selecione 10 documentos para leitura integral.

3. Tendo por base o resultado do exercício 1, elabore o inventário de pesquisa numa planilha eletrônica.

CAPÍTULO 5

CANVAS DE PROJETO DE PESQUISA

Adonai José Lacruz e
Maria Clara de Oliveira Leite

ESTE CAPÍTULO TRAZ UM ESFORÇO PARA AUXILIAR A CONCEPÇÃO DE projetos de pesquisa por meio do desenvolvimento do canvas de projeto de pesquisa (CPP), inspirado na ferramenta de modelagem *Business Model Canvas*.

Desenvolvida por Osterwalder e Pigneur (2011), essa ferramenta tem se mostrado útil para modelar e visualizar os aspectos-chave de um sistema de negócios e de suas inter-relações.

O CPP não se confunde, porém, com o projeto de pesquisa em si. Da forma como foram delineados neste livro, os projetos de pesquisa se apoiam no CPP, constituindo-se, assim, peças complementares.

Espera-se que a reflexão sobre o CPP possibilite a elaboração de um projeto de pesquisa bem estruturado e que norteie adequadamente a execução da pesquisa.

O CPP foi desenvolvido em um quadro no qual se articulam dez aspectos-chave (Figura 5.1). A sequência de elaboração sugerida se baseia na análise e na ordem de decisões tomadas geralmente pelos autores: Tema, Problema de Pesquisa, Revisão da Literatura e Fundamentação Teórica, Objetivo, Questão de Pesquisa, Tempo e Recursos, Estratégia de Investigação, Coleta de Dados, Análise de Dados e Contribuições e Limitações Esperadas.

Sugere-se que cada aspecto-chave do CPP seja preenchido com sentenças curtas e marcadores (*bullet points*), no caso de mais de uma sentença.

Ao longo da apresentação dos aspectos-chave que compõem o CPP, mostram-se exemplos de cada tópico, elaborados a partir de projetos de pesquisas ou artigos.

É importante esclarecer, por fim, que o CPP subsidia a elaboração dos quadros sinóticos do projeto de pesquisa (capítulos 6, 7 e 8). Assim, os temas (e.g. Questão de Pesquisa, Análise de Dados etc.) serão refinados na etapa seguinte do fluxo de processos proposto neste livro (veja Figura 1.1).

Canvas de Projeto de Pesquisa

FIGURA 5.1
Canvas de Projeto de Pesquisa

6	8	9	10
	Coleta de dados	Análise de dados	
	7		
	Estratégia de investigação		
	1	2	4	5	
	Tema	Problema de pesquisa	Objetivo	Questão de pesquisa	
3			
Tempo e Recursos	Revisão da literatura & Fundamentação teórica		Contribuições e Limitações esperadas

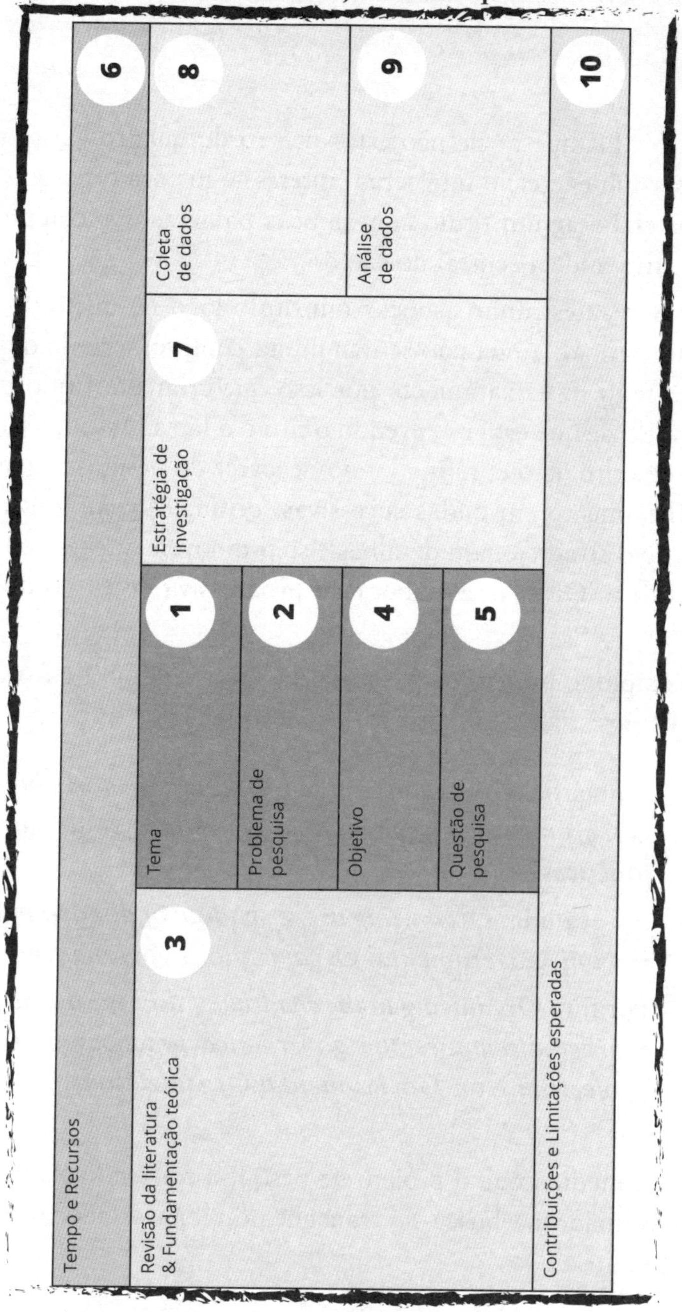

Antes de explorar cada um dos dez aspectos-chave da ferramenta, faz-se uma breve discussão sobre o título do CPP.

Título

O título do CPP, apesar de não estar dentro do quadro visual proposto, pode ser um exercício intelectual interessante para o pesquisador. É desafiador elaborar um título com poucas palavras que comunique de forma atrativa a ideia central do estudo.

Talvez pareça estranho esboçar um título logo no início do projeto de pesquisa; afinal, ainda não se tem muita compreensão de o que nem como será feito. E é exatamente por isso que criar um título pode ser muito útil. Pense que está escrevendo o título a lápis. Assim, o título poderá ser reescrito (isto é, refinado) no decorrer da pesquisa, semelhante a um planejamento em ondas sucessivas (do inglês *rolling wave planning*), no qual se adicionam detalhes e se promovem ajustes conforme o projeto avança. Ou seja, a elaboração progressiva do título do projeto de pesquisa.

Por exemplo, o projeto de pesquisa de Lacruz, Moura e Rosa (2019) teve três títulos:

* Primeiro, *Governance in the third sector: how Non-Governmental Organizations disciplines yours governance practices.*
* Em seguida, *Organizing in the shadow of donors: new trends in Non-Governmental Organizations governance.*
* Por fim, *Organizing in the shadow of donors: how donations market disciplines the governance practices of sponsored projects in Non-Governmental Organizations.*

Enfim, à medida que o projeto de pesquisa foi sendo elaborado, seu título foi refinado na busca de transmitir/direcionar adequadamente o mote da pesquisa.

Em seguida, explora-se cada um dos aspectos-chave do CPP, na ordem sugerida para sua elaboração.

Tema

Como apresentado no Capítulo 3, o tema da pesquisa é o assunto proposto para o estudo; ou seja, o tópico central sobre a investigação que se pretende realizar.

O tema no CPP deve ser descrito por meio de uma frase curta que transmita a ideia central da pesquisa. Por exemplo: governança no terceiro setor, eficácia educacional, estudos decoloniais nos estudos organizacionais, jogos de empresa e aprendizagem etc.

No CPP do projeto de Lacruz, Moura e Rosa (2019), seguindo com o mesmo exemplo do tópico anterior, o tema poderia ter sido declarado como se mostra:

EXEMPLO - TEMA

Governança corporativa em Organizações Não-Governamentais (Lacruz, Moura e Rosa, 2019)

Problema de Pesquisa

Antes de mais nada, convém destacar que o problema de pesquisa não é a questão de pesquisa (sobre a qual se discutirá adiante). O problema de pesquisa é a situação que desencadeia a motivação para realizar o estudo, e não a "pergunta" que o investigador visa responder para entender, descrever ou explicar o problema.

Assim, o problema de pesquisa está fortemente relacionado à importância da pesquisa. Ou seja, o porquê de a pesquisa ser realizada. Em outras palavras, o problema de pesquisa se aproxima da justificativa para a sua realização.

Isso pode decorrer, como explica Creswell (2010, p. 128), de múltiplas fontes, como as experiências do pesquisador, sejam pessoais ou profissionais; dos debates políticos no governo ou nas organizações; ou da literatura sobre o tema, cujo inventário preliminar discutido no Capítulo 4 pode ser uma fonte para identificação do problema, pois examinar o que já foi escrito sobre o tema permite identificar oportunidades de pesquisa.

Por exemplo, Lacruz e Carniel (preprint) desenvolveram um projeto de pesquisa sobre o tema "eficácia educacional na educação básica". O problema de pesquisa, relatado na introdução do projeto de pesquisa, poderia ser apresentado no CPP da seguinte forma:

EXEMPLO – PROBLEMA DE PESQUISA

- O abandono escolar é um tema caro para a sociedade, sendo do interesse tanto do público leigo quanto especializado em diferentes áreas (e.g. sociologia, administração pública, educação etc.).
- Em 2019, mais de 20% das pessoas com idades entre 14 e 29 anos no Brasil não tinham terminado alguma das etapas da educação básica (PNAD–Educação/IBGE). (Lacruz e Carniel, preprint)

Neste exemplo, os autores abordaram o problema de pesquisa de duas formas complementares: inicialmente, buscaram mostrar a relevância do tema para diferentes áreas de pesquisa; em seguida, de forma análoga a um texto jornalístico, fizeram uso de dados estatísticos oficiais, buscando demonstrar a importância do problema para a sociedade de forma geral e a urgência em investigá-lo.

Revisão da Literatura e Fundamentação Teórica

Este aspecto-chave do CPP foi introduzido no Capítulo 4, no qual se propôs a elaboração de um inventário preliminar da literatura sobre o tema que se pretende investigar.

Na revisão da literatura, ao se examinar o que já foi feito sobre o tema, é possível identificar lacunas de pesquisa, ou seja, aspectos que merecem novos esforços de pesquisa. As lacunas de pesquisa podem decorrer de conceitos identificados como imaturos e/ou de grupos ou locais negligenciados pela literatura que demandem a ampliação ou o reexame do que já foi investigado.

Além disso, é possível agrupar os estudos prévios em grupos de estudos que sejam semelhantes entre si e diferentes dos demais. Esses grupos de estudo podem ser nomeados por subtemas (tópicos) de análise. Em outras palavras, eles podem ser agrupados em conjuntos de estudos cujo nome (uma categoria analítica) represente bem o corpo de estudos individuais.

Dessa forma, pode-se posicionar o estudo proposto em relação a esses grupos de estudos prévios. Isso equivale, nas palavras de Creswell (2010, p. 136), a "[...] colocar o problema de pesquisa dentro do diálogo corrente da literatura". Para tanto, é importante que a revisão da literatura alcance estudos clássicos (usando como *proxy* o número de citações) e contemporâneos. Seguindo a lógica adotada por alguns periódicos científicos (por exemplo, *Revista de Administração Contemporânea* – RAC e *Revista de Administração de Empresas* – RAE), pode-se considerar um recorte dos últimos cinco anos como contemporâneo.

Além disso, é possível identificar as abordagens teóricas e as estratégias metodológicas utilizadas. A investigação sobre outro enfoque, seja teórico ou metodológico, pode se revelar uma oportunidade de pesquisa.

No CPP esse aspecto-chave deve ser elaborado destacando o(s) grupo(s) de estudo de maior aderência da pesquisa, a oportunidade de pesquisa identificada (isto é, a lacuna de pesquisa) e a(s) lente(s) teórica(s) que serão utilizadas para examinar o fenômeno de investigação.

O tópico Revisão da Literatura e Fundamentação Teórica do CPP do estudo de Lacruz (2017) sobre o tema "jogos de empresas e aprendizagem" poderia ter sido registrado da seguinte forma:

EXEMPLO – REVISÃO DA LITERATURA E FUNDAMENTAÇÃO TEÓRICA

* **GRUPOS DE ESTUDOS:** (1) relações de ensino-aprendizagem proporcionadas pela vivência e (2) emprego de jogos de empresas como laboratório de gestão empresarial. Esta pesquisa se enquadra no primeiro corpo de estudos.
* **LENTES TEÓRICAS:** (1) taxonomia de aprendizagem (Bloom, Engelhar, Frust, Hill e Krathwohl, 1956), (2) ciclo da aprendizagem (Kolb, 1984) e (3) estilos de aprendizagem (Felder e Silverman, 1988). Este estudo se apoia no ciclo da aprendizagem vivencial de Kolb (1984).
* **LACUNA DE PESQUISA:** inter-relações dos efeitos das variáveis independentes vinculadas à dinâmica da simulação na aprendizagem percebida pelos participantes de jogos de empresas e os efeitos da interação (Lacruz, 2017).

Objetivo

O objetivo do estudo, como o próprio termo indica, refere-se àquilo que se pretende com a investigação. Assim, o objetivo do estudo está fortemente relacionado à sua motivação, ou seja, por que se pretende fazer a pesquisa.

É importante distinguir o objetivo do estudo do problema de pesquisa (sobre o qual já se discutiu) e da questão de pesquisa (sobre a qual se falará no próximo tópico deste capítulo).

O problema de pesquisa leva ao objetivo do estudo. O objetivo, por sua vez, é refinado na questão de pesquisa. Enfim, o objetivo é a intenção, a proposta do estudo.

Sugere-se que o objetivo seja expresso em uma ou poucas sentenças, usando verbos de ação, tais como identificar, descrever, examinar, explorar, explicar, revelar, descobrir, desenvolver, entender etc., a fim de comunicar claramente a intenção do estudo.

Como exemplo, retoma-se o projeto de pesquisa de Lacruz e Carniel (preprint), ao qual se fez referência no tópico Problema de pesquisa, a fim de mostrar a conexão entre o problema de pesquisa e o objetivo de pesquisa. No CPP o objetivo poderia ser assim declarado:

EXEMPLO - OBJETIVO

* Examinar os determinantes do abandono escolar na educação básica no Brasil em 2019, considerando o impacto da escola *de per si*, a fim de contribuir para o desenvolvimento de políticas públicas relacionadas à redução do abandono escolar no país (Lacruz e Carniel, preprint).

Questão de Pesquisa

Como se antecipou no tópico anterior, a questão de pesquisa refina o objetivo da pesquisa. Em outras palavras, ela o restringe.

Sobretudo em estudos quantitativos, é adequado que, na questão de pesquisa, permita-se reconhecer a delimitação do objeto de investigação (i.e. a unidade de análise) e os recortes espacial (geográfico) e temporal do estudo.

A questão de pesquisa deve ser escrita na forma interrogativa. Pode-se também fazer a declaração das hipóteses (abordagem quantitativa) ou proposições (abordagem qualitativa) do estudo. Na etapa de elaboração do CPP, porém, é possível que o pesquisador ainda não tenha condições de elaborar, com a devida sustentação teórica, a hipótese ou a proposição de pesquisa.

Seguindo com o exemplo do projeto de pesquisa de Lacruz e Carniel (preprint), de forma a evidenciar a conexão entre o problema de pesquisa, o objetivo de pesquisa e a questão de pesquisa, mostram-se como as questões de pesquisa poderiam ser anunciadas no CPP:

EXEMPLO - QUESTÃO DE PESQUISA

> * Qual o efeito das características da dependência administrativa das escolas (como o tipo de rede de ensino) na variação na taxa de abandono escolar nas escolas da rede da educação básica brasileira do ano 2019?
> * Qual o efeito das características da escola (como a adequação da formação docente) nas diferenças na taxa de abandono escolar entre as escolas da rede da educação básica brasileira do ano 2019? (Lacruz e Carniel, preprint)

Importa explicar que, no projeto de pesquisa de Lacruz e Carniel (preprint), os dados são analisados por meio de modelos de regressão linear multinível (veja Goldstein, 1995) com dois níveis hierárquicos. Assim, anunciar duas questões de pesquisa é coerente com os procedimentos de análise de dados.

Tempo e Recursos

O prazo que o pesquisador tem para concluir a pesquisa, bem como suas restrições orçamentárias, restringem algumas opções de pesquisa. Assim, nas escolhas, é preciso levar o tempo e os recursos disponíveis (humanos e materiais) em consideração na elaboração do projeto de pesquisa, para que a investigação possa ser circunscrita até o prazo máximo estabelecido e com não mais que os recursos à disposição.

Por exemplo, no geral, os cursos de mestrado têm duração de dois anos, e os de doutorado, quatro; e pode não haver bolsa de estudos para todos os interessados. Um curso de pós-graduação *lato sensu*, por sua vez, muitas vezes tem duração de 18 meses e geralmente não tem bolsa para estudantes. Já projetos de pesquisa financiados por órgãos de fomento (por exemplo, o CNPq, a CAPES e os FAP) geralmente devem ser limitados a dois anos de duração e nem sempre comportam o volume de despesas ideal para a realização da pesquisa. Ou seja, fazer as opções de pesquisa sem considerar limitações de tempo e recursos pode implicar que o projeto de pesquisa precise ser refeito ou abandonado e outro seja elaborado.

Considerando que tempo e recursos são escassos, isso pode levar a que não haja tempo hábil para realizar uma pesquisa da qual se tenha orgulho. Ou levar ao que se pode denominar de Mínima Pesquisa Viável (ainda que digna), em analogia ao termo Mínimo Produto Viável (do inglês *Minimum Viable Product*), introduzido por Ries (2011) para o universo de *startups*.

Por exemplo, o projeto de pesquisa de Lacruz "Mapa da Educação Capixaba: análise discriminante do desempenho na Prova Brasil", apoiado pela Fundação de Amparo à Pesquisa do Espírito Santo (Fapes), poderia ter o aspecto do Tempo e Recursos do CPP descrito como se mostra:

EXEMPLO - TEMPO E RECURSOS

- Edital Fapes 21/2018 – Universal.
- Duração: 24 meses.
- Orçamento: R$ 13.978,00 (material de consumo, material permanente, diárias e passagens aéreas) (Lacruz, 2018)

Estratégia de Investigação

Para definir a estratégia de investigação para o projeto de pesquisa, é preciso analisar o tipo de abordagem que a questão de pesquisa demanda. A estratégia de investigação, ainda que seja uma opção de pesquisa, é limitada pela aderência que precisa ter com a questão de pesquisa.

Há questões de pesquisa que se alinham com abordagens qualitativas ou quantitativas; outras, aproximam-se dos métodos mistos (veja Creswell, 2010). Assim, faz-se inicialmente uma redução dimensional no rol de possibilidades.

Como exemplos de estratégias de investigação quantitativas, pode-se citar os estudos experimentais (veja Campbell e Stanley, 1979) e as pesquisas de levantamento (veja Fowler Jr., 2011). São exemplos de estratégias qualitativas a pesquisa fenomenológica (veja Merleau-Ponty, 1999) e a pesquisa-ação (veja Thiollent, 2018). Explica-se que há estratégias que podem ser tanto qualitativas quanto quantitativas, como os estudos de caso (veja Yin, 2001).

Não se descarta que uma mesma questão de pesquisa possa ser investigada por diferentes estratégias de pesquisa. Por exemplo, a questão de pesquisa extraída de Lacruz, Moura e Rosa (2019, p. 7): "[...] *how do the external forces, especially the donations market, act over the governance of sponsored projects of private associations and foundations that operate in the environment segment?*". Essa questão de pesquisa, numa abordagem qualitativa, poderia ser investigada tendo como estratégia de investigação o estudo de caso ou a pesquisa fenomenológica, por exemplo. Assim, a estratégia de investigação é uma opção do pesquisador – restringida, reforça-se, pela aderência com a questão de pesquisa.

Por exemplo, Lacruz e Cunha (2018) investigaram o efeito da implantação do Escritório de Projetos na captação de recursos de projetos em uma ONG ambiental no Brasil. A Estratégia de investigação do CPP poderia ser assim apresentada:

EXEMPLO - ESTRATÉGIA DE INVESTIGAÇÃO

* Abordagem quantitativa.
* Recorte longitudinal.
* Estudo *ex post facto*. (Lacruz e Cunha, 2018)

Coleta de Dados

Alinhados à estratégia de investigação, os dados podem ser coletados de diferentes formas. Por exemplo: entrevistas, observação, questionários etc.

Acrescenta-se que podem ser usados dados secundários, ou seja, que não tenham sido coletados pelo pesquisador diretamente. Nesse encadeamento, destaca-se que há um esforço internacional em estimular o reúso de dados (por exemplo a Declaração de Sorbonne).

Repositórios, como Harvard Dataverse e OpenAIRE, além de fortalecer a transparência das pesquisas, contribuem para o movimento da ciência aberta. São, dessa forma, ótimas fontes de dados e materiais (por exemplo, *scripts* e instrumentos de coleta).

Em pesquisas quantitativas, destaca-se, é preciso estabelecer como os dados serão mensurados. Nesta etapa do projeto de pesquisa, é razoável supor que não seja possível ter o instrumento de coleta de dados elaborado (a não ser que seja utilizado um instrumento já validado); mas é indicado estabelecer a escala de mensuração das variáveis do estudo, por exemplo, escala Likert, Stapel e diferencial semântico (veja Malhotra, 2006), pois o tipo e a forma de mensuração da variável trazem implicações para definição das técnicas de análise de dados (sobre a qual trataremos no próximo tópico).

Igualmente, em estudos qualitativos, é possível que nesta etapa ainda não se tenha o roteiro de entrevista, o protocolo de observação etc. É útil, porém, indicar as fontes que sustentarão, metodologicamente, o desenvolvimento desses instrumentos (veja Flick, 2009).

Por exemplo, no estudo de Lacruz e Américo (2018), que examinou a influência na percepção de aprendizagem dos participantes de jogos de empresas da etapa *debriefing*, por meio de um estudo quase-experimental, o tópico Coleta de Dados do CPP poderia estar presente como se mostra:

EXEMPLO - COLETA DE DADOS

* Amostra: estudantes do 8º período do curso de Administração de IES privada.
* Instrumento de coleta de dados: questionário de autopreenchimento.
* Escala: Likert (das variáveis relacionadas à percepção de aprendizagem).
* Emparelhamento dos grupos de tratamento e controle: perfil dos participantes em relação a características que possam influenciar os resultados (por exemplo, a experiência anterior com jogos de empresas), mesmo jogo de empresas e mesmo animador. (Lacruz e Américo, 2018)

Análise de Dados

Na definição da técnica de análise de dados, seja em pesquisas qualitativas (por exemplo, análise de conteúdo) ou quantitativas (por exemplo, regressão logística), a forma como os dados são coletados e mensurados circunscrevem os limites das opções de pesquisa.

Por exemplo, em pesquisas quantitativas, se forem coletados dados de contagem, devem ser empregadas técnicas de análise de dados adequadas para dados dessa natureza – por exemplo, Regressão de Poisson.

O mesmo princípio se aplica a estudos qualitativos. Por exemplo, se a coleta de dados for feita por meio de entrevistas, o *corpus* da pesquisa será composto pelas falas dos entrevistados, que costumam ser transcritas, produzindo conteúdo textual. Além das transcrições de entrevista, podem constituir conteúdo de texto para análise os protocolos de observação. Além desses exemplos (de textos produzidos em pesquisa), pode-se submeter conteúdo de textos já existentes à análise. Assim, as técnicas de análise podem envolver a análise lexical (veja Lahlou, 1994), análise de conteúdo (veja Bardin, 2001), análise crítica do discurso (veja Fairclough, 2005), dentre outras possibilidades.

O tópico Análise de dados do estudo de Lacruz, Rosa e Oliveira (preprint), que investigou os efeitos da governança (como construto composto por dimensões de governança) nas doações recebidas por ONGs, poderia estar presente no CPP assim:

EXEMPLO - ANÁLISE DE DADOS

* Modelo de mensuração (dados dicotômicos): análise de correspondência múltipla.
* Modelo estrutural (escores da ACM e construtos *single item*): Partial Least Squares Structural Equation Modeling.
* Efeito moderador (dados dicotômicos): análise multigrupo. (Lacruz, Rosa e Oliveira, preprint)

Contribuições e Limitações Esperadas

Por fim, encerrando a elaboração do CPP, são registradas as contribuições que se espera que a pesquisa fará à teoria, à prática, à metodologia, enfim, à sociedade em sentido amplo. Convém questionar como os resultados da pesquisa podem colaborar para o desenvolvimento de futuros estudos, da mesma forma como sua pesquisa se apoiou em investigações anteriores. Ou seja, a contribuição para o debate no qual a pesquisa se insere. Igualmente, podem ser destacadas as contribuições esperadas para a comunidade da prática, para orientar os procedimentos metodológicos de novos estudos e para a sociedade como um todo.

Por exemplo, a parte de contribuições deste tópico no CPP da investigação de Lacruz, Nossa, Guedes e Lemos (preprint) sobre a influência de dimensões de governança nas doações recebidas por ONG do segmento meio ambiente no Brasil poderia ser assim declarada:

EXEMPLO - CONTRIBUIÇÕES E LIMITAÇÕES ESPERADAS [1/2]

* Contribuições (para a teoria e a comunidade da prática): (1) revelar a estrutura subjacente de governança nas ONGs e (2) o possível impacto de dimensões de governança nas doações recebidas por essas ONGs, em ambientes de baixa regulação e pouca transparência sobre a governança das ONGs, como o Brasil. (Lacruz, Nossa, Guedes e Lemos, preprint)

Além disso, convém também sinalizar as limitações ao alcance dos achados do estudo, decorrentes, geralmente, dos procedimentos metodológicos adotados.

Seguindo com o exemplo da pesquisa de Lacruz, Nossa, Guedes e Lemos (preprint), na qual foi assumido como *proxy* de governança a presença de indicadores de governança produzidos de forma dicotômica, num recorte transversal, as limitações da pesquisa poderiam ser descritas da seguinte forma:

EXEMPLO - CONTRIBUIÇÕES E LIMITAÇÕES ESPERADAS [2/2]

* Limitações: (1) a mensuração dos dados considerando a presença/ausência de mecanismos de governança na estrutura das ONGs não permite apurar diferentes níveis de maturidade dos mecanismos de governança entre as ONGS; (2) o recorte transversal, adotado por restrição do conjunto de dados, não permite investigar o efeito da governança ao longo do tempo, o que limita o alcance da inferência de causalidade entre governança e doações; e (3) compor a amostra por ONGs de um mesmo segmento de atuação restringe a generalização dos resultados. (Lacruz, Nossa, Guedes e Lemos, preprint)

Canvas de Projeto de Pesquisa

DICAS

A dica neste capítulo é voltada aos pesquisadores de primeira viagem. Para tanto remetemo-nos à obra *Como se faz uma tese*, de Umberto Eco – o mesmo de *O nome da rosa*. Do capítulo "Como uma tese pode servir também após a formatura" (p. 4-6), pode-se extrair que, ao desenvolver um novo projeto de pesquisa, aproveitamo-nos das experiências anteriores, desde a primeira. Assim, saber documentar bem o processo é útil não apenas para o projeto de pesquisa em curso, mas também para os seguintes.

A maturidade, alcançada com a experiência, que nos permite conhecer o percurso antecipadamente, é fortemente relacionada com a forma pela qual aprendemos cada caminho no início da nossa trajetória. Dito de outra forma, a maneira como elaboramos o último projeto de pesquisa, bem ou mal, é refletida pela forma com que desenvolvemos os projetos de pesquisa anteriores.

REFERÊNCIAS

Bardin, L. (2011). *Análise de conteúdo*. São Paulo: Almedina.

Campbell, D. T., e Stanley, J. C. (1979). *Delineamentos experimentais e quase experimentais de pesquisa*. São Paulo: EPU.

Creswell, J. W. (2010). *Projeto de pesquisa: métodos qualitativo, quantitativo e misto*. Porto Alegre: Artmed.

Eco, U. (1977). *Como se faz uma tese* (Cap. 2, pp. 07-34). São Paulo: Perspectiva.

Fairclough, N. (2005). Peripheral vision: Discourse analysis in organization studies: The case for critical realism. *Organization studies, 26*(6), 915-939.

Flick, U. (2009). *Introdução à pesquisa qualitativa*. São Paulo: Artmed.

Fowler Jr., F. J. (2011). *Pesquisa de levantamento*. Porto Alegre: Penso.

Goldstein, H. (1995). *Multilevel statistical models*. London: Edward Arnold.

Lacruz, A. J. (2017). Simulation and learning in business games. *Revista de Administração Mackenzie, 18*(2), 49-79.

Lacruz, A., e Cunha, E. A. (2018). Project management office in non-governmental organizations: an ex post facto study. *Revista de Gestão, 2*(2), 212-227.

Lacruz, A. J., e Américo, B. L. (2018). Debriefings's influence on learning in business game: an experimental design. *Brazilian Business Review, 15*(2), 192-208.

Lacruz, A. J., e Carniel, F. (preprint). *Abandono Escolar na Educação Básica Brasileira: aplicação de modelo multinível com dados de avaliação educacional.* Available at http://doi.org/10.13140/RG.2.2.17266.84165.

Lacruz, A. J., Moura, R. L. de, e Rosa, A. R. (2019). Organizing in the shadow of donors: how donations market regulates the governance practices of sponsored projects in non-governmental organizations. *Brazilian Administration Review, 16*(13), 01-23.

Lacruz, A. J., Nossa, A., Guedes, T. de A., e Lemos, K. R. (preprint). *Efeito das dimensões de governança no recebimento de doações vinculadas em ONGs ambientais no Brasil.* Available at https://ssrn.com/abstract=3847852.

Lacruz, A. J., Rosa, A. R., e Oliveira, M. P. V. de. (preprint). *The Effect of Governance on Donations: Evidence from Brazilian Environmental Nonprofit Organizations.* Available at http://dx.doi.org/10.2139/ssrn.3796962.

Lahlou, S. (1994). L'analyse lexicale. *Variances,* (3), 13-24.

Malhotra, N. K. (2006). *Pesquisa de marketing: uma orientação aplicada.* Porto Alegre: Bookman.

Merleau-Ponty, M. (1999). *Fenomenologia da percepção.* São Paulo: Martins Fontes.

Osterwalder, A., e Pigneur, Y. (2011). *Business Model Generation - Inovação em Modelos de Negócios: um manual para visionários, inovadores e revolucionários.* Rio de Janeiro: Alta Books.

Thiollent, M. (2018). *Metodologia da pesquisa ação.* São Paulo: Cortez.

Ries, E. (2011). *The lean startup: how constant innovation creates radically successful businesses.* New York: Crown Business. (2011).

Yin, R. K. (2001). *Estudo de caso: planejamento e aplicações.* Porto Alegre: Bookman.

SUGESTÕES DE LEITURA

Apresenta-se a seguir uma lista com sugestões de leitura por aspecto-chave do CPP:

* TEMA

Colquitt, J. A., e George, G. (2011). From the editors: Publishing in AMJ – part 1: Topic choice. *Academy of Management Journal, 54*(3), 432-435.

* PROBLEMA DE PESQUISA

Creswell, J. W. (2010). *Projeto de pesquisa: métodos qualitativo, quantitativo e misto* (Cap. 5, pp. 127-141). Porto Alegre: Artmed.

* REVISÃO DA LITERATURA E FUNDAMENTAÇÃO TEÓRICA

Creswell, J. W. (2010). *Projeto de pesquisa: métodos qualitativo, quantitativo e misto* (Cap. 2-3, pp. 48-100). Porto Alegre: Artmed.

* OBJETIVO

Creswell, J. W. (2010). *Projeto de pesquisa: métodos qualitativo, quantitativo e misto* (Cap. 6, pp. 142-160). Porto Alegre: Artmed.

* QUESTÃO DE PESQUISA

Alvesson, M., e Sandberg, J. (2011). Generating research questions through problematization. *Academy of Management Review, 36*(2), 247-271.

* TEMPO E RECURSOS

Marconi, M. de A., e Lakatos, E. M. (2019). *Fundamentos de metodologia científica* (pp. 246-247). São Paulo: Atlas.

* ESTRATÉGIA DE INVESTIGAÇÃO

Bono, J. E., e McNamara, G. (2011). From the editors: Publishing in AMJ – part 2: Research design. *Academy of Management Journal, 54*(4), 657-660.

* COLETA DE DADOS

Aguinis, H., Hill, N. S., e Bailey, J. R. (2019). Best practices in data collection and preparation: recommendations for reviewers, editors, and authors. *Organizational Research Methods*, Advance online publication. https://doi.org/10.1177/1094428119836485

* ANÁLISE DE DADOS

Gibbs, G. (2009). *Análise de dados qualitativos*. Porto Alegre: Artmed.

Hair, J. F., Black, W. C., Babin, B. J., Anderson, R. E., e Tatham, R. L. (2009). *Análise multivariada de dados*. Porto Alegre, RS: Bookman.

* CONTRIBUIÇÕES E LIMITAÇÕES ESPERADAS

Geletkanycz, M., e Tepper, B. J. (2012). From the editors: Publishing in AMJ – part 6: Discussing the implications. *Academy of Management Journal, 55*(2), 256-260.

Exercício

1. Com base no tema de estudo e no inventário preliminar da literatura desenvolvidos nos exercícios dos capítulos 3 e 4, respectivamente, formule um título para seu estudo e elabore o CPP para sua investigação (*download* do arquivo de texto do CPP disponível em https://doi.org/10.13140/RG.2.2.15408.89605).

Organizando Projetos de Pesquisa

Tempo e Recursos						
			Coleta de dados		Análise de dados	
		Estratégia de investigação				
	Tema	Problema de pesquisa	Objetivo	Questão de pesquisa		
	Revisão da literatura & Fundamentação teórica					
Contribuições e Limitações esperadas						

CAPÍTULO 6

PROJETO DE PESQUISA – REVISÃO DA LITERATURA E FUNDAMENTAÇÃO TEÓRICA

Adonai José Lacruz e
Maria Clara de Oliveira Leite

ESTE CAPÍTULO BUSCA CONTRIBUIR PARA O DESENVOLVIMENTO DO ARcabouço teórico e da revisão da literatura na elaboração de projetos de pesquisa. Tanto a revisão da literatura sobre um tópico quanto a fundamentação teórica constituem aspectos centrais na concepção de projetos de pesquisa. Faz-se importante ressaltar, no entanto, que, enquanto a revisão trata de uma etapa preliminar por meio da qual se identificam estudos já realizados a respeito do tópico e potenciais lacunas, a fundamentação teórica apresenta o arcabouço que permite ao pesquisador fazer uso da teoria de acordo com o propósito do estudo, seja sua abordagem qualitativa, quantitativa ou de caráter misto.

Em pesquisas quantitativas, por exemplo, as teorias servem para explicar a relação entre variáveis que o pesquisador está testando. Já na qualitativa, geralmente as teorias servem como lente para aprofundar as indagações do pesquisador ou são geradas a partir do estudo para complementar outras teorias e permitir avanços teóricos em determinado campo de pesquisa. Em métodos mistos, por sua vez, as teorias são utilizadas de forma a associar os propósitos relacionados às abordagens quantitativa e qualitativa.

Espera-se que as reflexões incitadas neste capítulo permitam ao pesquisador conduzir uma revisão da literatura robusta, no sentido de possibilitar que o pesquisador identifique e organize estudos prévios para limitar o escopo de seu estudo e transmitir aos leitores a importância de estudar um tópico específico. Além disso, intenta-se direcionar o pesquisador à elaboração de uma Fundamentação Teórica que possa sustentar a execução da pesquisa em consonância com o problema a ser investigado.

O capítulo apresenta, inicialmente, sete aspectos-chave (subdivisões) relacionados ao processo de uma revisão da literatura. Logo após, seguem três aspectos-chave referentes à fundamentação teórica de um projeto de pesquisa. O quadro sinótico a seguir (Tabela 6.1) une esses elementos em dez subdivisões.

Projeto de Pesquisa – Revisão da Literatura e Fundamentação Teórica

TABELA 6.1
Quadro sinótico: Revisão da Literatura e Fundamentação Teórica

PARTES	SUBDIVISÃO
Revisão da Literatura	Apresenta o resultado de estudos anteriores relacionados ao tema da pesquisa
	Relaciona o projeto de pesquisa ao diálogo estabelecido na literatura
	Identifica lacunas de pesquisa
	Proporciona uma referência para comparar os resultados/achados da pesquisa
	Suporta as justificativas para realização da pesquisa
	Conduz a que a questão de pesquisa flua da discussão realizada
	Apresenta uma literatura prévia que reflete adequadamente o tópico pesquisado (referências consideradas relevantes)
Teoria	Sustenta as hipóteses e/ou proposições da pesquisa, ou se constitui lente analítica adequada para a investigação
	Subsidia opções metodológicas
	Define claramente os conceitos centrais da pesquisa (definição constitutiva dos termos ou variáveis)

6.1 Revisão da Literatura

Tendo, anteriormente, diferenciado a revisão da literatura da fundamentação teórica em relação à estrutura de uma *Revisão da Literatura* capaz de indicar claramente como o tópico pesquisado foi desenvolvido até então, faz-se importante considerar os seguintes aspectos-chave: apresenta o resultado de estudos anteriores relacionados ao tema da pesquisa; relaciona o projeto de pesquisa ao diálogo estabelecido na literatura; identifica lacunas de pesquisa; proporciona uma referência para comparar os resultados/achados da pesquisa; suporta as justificativas para realização da pesquisa; conduz a que a questão de pesquisa flua da discussão realizada; e apresenta uma literatura prévia que reflete adequadamente o tópico pesquisado. A seguir, explica-se brevemente cada um desses elementos conforme a subdivisão apresentada no quadro sinótico (Tabela 6.1), a qual não foi estabelecida com base em ordem de prioridade, mas em termos didáticos.

6.1.1 Apresenta o resultado de estudos anteriores relacionados ao tema da pesquisa

Inicialmente, no intuito de deixar clara a importância desse aspecto-chave, atenta-se para os propósitos da revisão da literatura. Objetiva-se, por meio de uma revisão da literatura, a apresentação da literatura prévia sobre o tópico pesquisado. Por meio da apresentação de estudos anteriores relacionados ao tema da pesquisa, é possível identificar perspectivas teóricas, procedimentos metodológicos e abordagens adotadas para alinhar tais elementos, bem como compartilhar os resultados/achados de estudos já realizados proximamente relacionados à pesquisa a ser desenvolvida.

Em outras palavras, intenta-se apresentar o "estado da arte" a respeito do tópico pesquisado. Para Grant e Booth (2009, p. 94-95), a compilação das principais pesquisas, a exclusão de elementos acessórios e a sistematização dos aspectos centrais encontrados caracteriza a essência de uma revisão. Essa apresentação pode ser descrita no projeto após a busca por palavras/tópicos-chave da questão que se pretende investigar.

A revisão pode ser considerada um importante indicador do que já foi produzido até então, tanto pelo potencial de revelar consensos e divergências sobre o tema de investigação quanto por sintetizar a produção científica já realizada – que muitas vezes é abundante.

Existem procedimentos distintos para condução de uma revisão da literatura, associados a tipologias diferentes a respeito das formas de revisão existentes e das respectivas metodologias a elas associadas (veja

Grant e Booth, 2009). No entanto, faz-se essencial, nesse processo, a descrição (e justificativa) detalhada dos passos e dos porquês de como ela ocorreu. Após a caracterização e a explicação do tipo de revisão utilizada, pode-se apontar suas forças e as suas fraquezas.

As revisões da literatura podem ser divididas em sistematizadas ou não sistematizadas. Desse conjunto, duas formas comuns de revisão da literatura são a revisão narrativa (não sistematizada) e a revisão sistemática. Mendes-da-Silva (2019, p. 3) apresenta um quadro comparativo que evidencia as diferenças entre revisões sistemáticas e narrativas em um editorial da *Revista de Administração Contemporânea*.

Pode-se realçar, desse quadro, que a revisão narrativa se aplica à discussão dos trabalhos anteriores por meio de debates gerais (isto é, amplos); a partir de fontes selecionadas, geralmente, sem critérios explícitos; e que conduzem a sínteses predominantemente qualitativas. Assim, é bastante útil em relação ao projeto de pesquisa, para buscar atualização a respeito de um tema ainda pouco explorado (com poucas publicações), seja do ponto vista contextual, teórico ou metodológico.

Por outro lado, a revisão sistemática se direciona à discussão dos trabalhos anteriores, orientando-se para a literatura correlata sobre questões específicas (isto é, com foco restrito) e valendo-se de fontes selecionadas por meio de critérios de busca e seleção explícitos e geralmente rigorosos. Como resultado, geram sínteses predominantemente quantitativas. Dessa forma, é indicada para projetos de pesquisa cujo tema possui muitas publicações, pois busca dirimir vieses de seleção (isto é, não abrangência) e de confundimento (isto é, comparar resultados de estudos metodologicamente não comparáveis). Para mais, remetemos aos trabalhos de Green, Johnson e Adams (2006) sobre revisões narrativas e de Fisch e Block (2018) sobre revisões sistemáticas.

Para acesso ao conteúdo de pesquisas diversas realizadas no Brasil e no mundo, além das bases de dados indicadas no Capítulo 4 (como SciELO, Web of Science e Scopus), em outros bancos de dados podem ser encontradas teses e dissertações realizadas em programas de pós-

-graduação *stricto sensu* no Brasil: Catálogo de Teses e Dissertações da Capes e Biblioteca Digital Brasileira de Teses e Dissertações do Ibict.

O detalhamento das ferramentas e dos procedimentos utilizados para condução da revisão da literatura permite a outro pesquisador questione e, se for o caso (considerando seu próprio tópico, sua própria pesquisa), conduza uma revisão similar. Tendo sido explanada a sistematização dos procedimentos de busca, pode-se apresentar os estudos encontrados nos esforços de busca.

Conforme já abordado no Capítulo 4, especificamente a respeito da revisão da literatura, pode-se agrupar uma série de estudos prévios em subgrupos conforme semelhança e diferença entre eles, nomeando-os por subtemas/tópicos de análise. Pode-se, por exemplo, após apresentadas as ferramentas e os procedimentos utilizados para revisão, sintetizar a literatura prévia em um quadro (ou outro tipo de ilustração) de síntese temática que facilite a visualização dos diferentes estudos encontrados conforme os tipos de buscas empreendidas e os respectivos temas associados. Não necessariamente a apresentação deve ocorrer em forma de quadro sintético. Cabe ao pesquisador definir a forma como pretende organizar a literatura sobre o tópico investigado. Creswell (2010, p. 56) sugere a utilização de um "mapa da literatura", além de sete passos básicos úteis na condução de uma revisão da literatura.

6.1.2 Relaciona o projeto de pesquisa ao diálogo estabelecido na literatura

Por meio da revisão da literatura, é possível relacionar um projeto de pesquisa ao "diálogo corrente" estabelecido de forma mais ampla na literatura sobre determinado tópico. A partir da identificação e da apresentação de pesquisas prévias, estabelece-se, então, uma conexão entre o projeto de pesquisa e os contrapontos possíveis a partir da literatura sobre determinado tópico. Relaciona-se, assim, a investigação proposta aos grupos de estudos prévios que podem dialogar, complementar ou, ainda, opor-se à forma como se pretende conduzir a pesquisa.

Nessa etapa, faz-se importante apresentar com clareza como os elementos centrais da pesquisa a ser conduzida se relacionam à literatura prévia e aos diálogos, desencadeamentos e contrapontos por ela estabelecidos, tendo em mente (e sempre buscando resgatar na memória) o problema de pesquisa e as questões subjacentes à discussão, de modo a fazer sentido no texto para o público ao qual a revisão (e o projeto de modo geral) está direcionada.

Ao construir relações entre o projeto e os diálogos possíveis com a literatura prévia, faz-se importante incluir tanto autores clássicos referentes ao tópico da pesquisa (isto é, referências consideradas essenciais na área pelos pares) quanto contemporâneos, considerando-se aqui um recorte de aproximadamente cinco anos como contemporâneo, tendo sido adotada a mesma lógica de periódicos científicos nacionais.

Ademais, não basta trazer à discussão apenas a voz de estudos prévios. É preciso fazer com que venha à tona o próprio tom do pesquisador. Assim, uma revisão se torna interessante à medida que não exibe apenas uma colcha de retalhos de autores que já abordaram o tópico, mas quando permite que as mãos do pesquisador apareçam na costura. Em outras palavras, faz-se necessária a participação do pesquisador na conversa entre autores centrais ao tema da pesquisa.

6.1.3 Identifica lacunas de pesquisa

A revisão da literatura permite que o pesquisador identifique aspectos não abarcados por estudos anteriores e que podem levá-lo a abordá-los em sua pesquisa, considerando as deficiências e os *gaps* (lacunas) dos estudos existentes. Desse modo, ao incluir esses aspectos (que não foram abrangidos, mas podem ser vistos como importantes) em sua pesquisa, é possível ampliar a literatura prévia e suas potenciais inter-relações.

Em outras palavras, considerando o escopo de pesquisas prévias, bem como a relação entre o estudo a ser realizado e os diálogos já estabelecidos pela literatura, pode-se identificar lacunas a serem preenchidas, as quais constituem oportunidades de pesquisa em relação àquilo que já foi produzido e que, no entanto, requer um reexame ou uma ampliação.

Uma vez que na revisão da literatura a pesquisa a ser realizada é posicionada em relação ao diálogo corrente de forma mais abrangente no conjunto de obras acerca de um tópico, pode-se identificar (e posteriormente preencher) lacunas, de forma a ampliar perspectivas de estudos anteriores, o que constitui uma contribuição. No caso de uma proposta de tese, a identificação de lacunas de pesquisa permite que, após esta ser realizada, o pesquisador possa preenchê-las para contribuir, por exemplo, em termos de avanços teóricos no campo de pesquisa em que se insere.

Convém antecipar que a seção de "Introdução" (sobre a qual se discutirá a seguir, no Capítulo 7) também chama a atenção para lacunas ou deficiências na literatura. No entanto, a literatura é apenas mencionada para apontar as deficiências identificadas, em vez de esmiuçada como ocorre em uma revisão da literatura, que aprofunda as interconexões entre a literatura prévia e a pesquisa a ser desenvolvida. Em geral, utilizam-se frases-chave que costumam remeter às deficiências/lacunas, tais como apontadas por Creswell (2010, p. 138): "o que permanece a ser explorado"; "pouca pesquisa empírica" e "muito poucos estudos" em relação ao tópico.

6.1.4 Proporciona uma referência para comparar os resultados/achados da pesquisa

Se uma das razões para incluir a literatura acadêmica já produzida é compartilhar os resultados/achados de estudos prévios proximamente relacionados à pesquisa a ser desenvolvida, é preciso que haja uma referência (um padrão/parâmetro), para que os resultados/achados sejam comparados. Isso equivale a oferecer ao público uma estrutura que permita compreender uma comparação que faça sentido (padronizada). No mundo das frutas (ou melhor, da nossa visão das frutas), o pesquisador compararia limões com limões e morangos com morangos. Para isso, faz-se necessário delimitar claramente o que será comparado e o porquê de tais comparações em específico.

Assim, nesse momento, não basta apenas apresentar as pesquisas já realizadas a respeito do tópico a ser desenvolvido ou agrupar os estudos similares/diversos em um quadro sintético temático, mapa de literatura (ou outra forma ilustrativa que se desejar) de modo a posicionar a pesquisa a ser realizada em relação ao diálogo corrente na literatura. Mais do que isso, torna-se relevante fornecer uma estrutura que leve o leitor a entender como os resultados de um estudo foram comparados com outros da literatura e, ainda, por que *aquela* comparação importa *naquela* determinada pesquisa.

A razão de ser da revisão da literatura ganha sentido, portanto, por meio não somente da apresentação da literatura, mas das comparações tecidas nessa – e a partir dessa – literatura. Dessa forma, organizar a revisão em uma estrutura geral que permita comparações faz com que seja alcançado um dos objetivos de realizá-la.

6.1.5 Suporta as justificativas para realização da pesquisa

Retomando um dos objetivos de uma revisão da literatura, ao apresentar a literatura corrente, pode-se identificar *gaps* de pesquisa e delimitar aspectos ainda não abordados em estudos anteriores. Essas lacunas/deficiências variam de um estudo para outro, mas representam oportunidades de pesquisa e de contribuições, pois levam a tópicos que precisam ser desenvolvidos sob ângulos ainda necessários de se explorar. O preenchimento de lacunas identificadas a partir da literatura prévia constitui, dessa forma, uma das justificativas para a condução de novas pesquisas acerca de determinado tópico.

Preencher as deficiências encontradas leva não somente às justificativas para realização da pesquisa e às contribuições esperadas do estudo, mas ao próprio problema de pesquisa (e às questões que conduzem a ele). Uma vez que esses elementos são apresentados (em geral, inicialmente, na Introdução situa-se o problema), justifica-se a importância de se debruçar sobre ele a partir da revisão de estudos que já o examinaram. Assim, "problema de pesquisa", "lacunas", "contribuições" e "justificativas" para se realizar uma pesquisa caminham lado a lado. Uma revisão consistente, portanto, apresenta justificativas para realização da pesquisa, as quais são suportadas ao longo da revisão a partir dos estudos que já foram produzidos.

Em linhas gerais, o objetivo de uma revisão da literatura reside, inclusive, em justificar a importância de determinado estudo, diferenciando pesquisas prévias do esforço de pesquisa proposto. Para esclarecer por que se justifica o tópico em questão, posiciona-se o problema dentro do diálogo corrente na literatura. Considerando que os pesquisadores não querem reproduzir exatamente o que já foi pesquisado anteriormente, faz-se um apanhado do "estado da arte" acerca do tema, verificando-se o que é possível acrescentar/ampliar ou rejeitar em relação àquilo que já se examinou.

Em teses de doutorado, por exemplo, geralmente os autores incluem uma seção específica para descrever por que a realização da pesquisa é justificada, por que seus resultados são importantes para determinado público e como se diferenciam de pesquisas prévias.

6.1.6 Conduz a que a questão de pesquisa flua da discussão realizada

Um dos propósitos de relacionar o projeto de pesquisa ao diálogo estabelecido na literatura é permitir que essa discussão leve à questão de pesquisa. Em outras palavras, a ampla literatura utilizada como base deve ser revista com o intuito de conduzir à questão de pesquisa, de modo que a questão emerja a partir da revisão e também que o problema seja posicionado na literatura existente.

Se as revisões de literatura contribuem para os pesquisadores delimitarem o escopo de suas investigações, a fim de que a revisão transmita claramente ao público a importância de estudar um tópico especificamente, é preciso que, ao final, a questão de pesquisa seja compreendida pelo público ao qual se direciona a partir do debate estabelecido na literatura.

Para tanto, é preciso que estejam claros ao pesquisador a questão em si, o objetivo do estudo, bem como as distinções entre o que já foi produzido e as contribuições esperadas (sejam elas teóricas, práticas etc.) a partir da investigação.

A condução da discussão da literatura rumo à questão pode ocorrer a partir da apresentação de estudos não somente similares, por exemplo, mas também de um grupo de pesquisas que abrangeram o tópico a partir de perspectivas teóricas (ou metodológicas, práticas etc.) diferentes.

Em resumo, o que importa nesta etapa é atentar para que a literatura apresentada conduza à questão de pesquisa. Assim, as conexões entre questão de pesquisa e diálogo com a literatura prévia precisam estar redigidas de forma suficientemente clara para permitir que sejam visualizadas pelo público ao longo da revisão da literatura.

6.1.7 Apresenta uma literatura prévia que reflete adequadamente o tópico pesquisado (referências consideradas relevantes)

Resgatando novamente alguns dos objetivos de realizar uma revisão da literatura, seja para justificar a importância de um estudo, apresentar distinções e semelhanças entre o que foi pesquisado e o que se pretende analisar, uma adequada revisão permite, nas palavras de Creswell (2010, p. 136), "colocar o problema de pesquisa dentro do diálogo corrente na literatura".

Para tanto, faz-se necessário que a literatura prévia reflita o tópico pesquisado a partir de referências que possibilitem esse diálogo. Isso pode ocorrer a partir do momento em que a revisão incluir referências consideradas relevantes, isto é, aquelas que podem contribuir para que seja compreendido o lugar do tópico pesquisado diante do que já se produziu a respeito dele, fazendo emergir as lacunas/deficiências, as contribuições e a justificativa do estudo.

Esse processo é dinâmico, uma vez que novos estudos podem surgir após a condução de uma revisão, mas espera-se que a inclusão de referências distintas possa levar a abarcar a discussão pretendida de forma ampla – capaz de posicionar o estudo no diálogo corrente, mesmo após a realização de novos estudos.

Essas referências distintas podem ser, por exemplo, autores consagrados em determinado campo – que são continuamente citados na área mesmo não sendo considerados contemporâneos – e também aqueles que têm se destacado em anos recentes. O parâmetro para um estudo ser considerado "recente" pode seguir a mesma lógica de periódicos científicos nacionais (últimos cinco anos), como mencionado no Capítulo 4, ou abranger uma literatura até dez anos, conforme entendimento de Creswell (2010, p. 137).

Além disso, para apresentar as referências relevantes em uma perspectiva mais ampla, as revisões da literatura prévia podem trazer grupos maiores de estudos reunidos em um quadro de acordo com o tema (uma síntese temática), mapas de literatura ou outra ilustração que possibilite uma visualização mais clara da pesquisa em relação ao diálogo corrente.

6.2 Fundamentação Teórica

Tendo, anteriormente, diferenciado a revisão da literatura da fundamentação teórica em relação à estrutura de uma *Fundamentação Teórica* capaz de indicar claramente como a teoria pode ser utilizada em uma análise específica ou como ela será produzida ao se estudar determinado tópico, faz-se importante considerar os seguintes aspectos-chave: subsidia opções metodológicas; define claramente os conceitos centrais da pesquisa; sustenta as hipóteses e/ou proposições da pesquisa ou se constitui lente analítica adequada para a investigação. A seguir, explica-se brevemente cada um desses elementos.

6.2.1 Sustenta as hipóteses e/ou proposições da pesquisa, ou se constitui lente analítica adequada para a investigação

A fundamentação teórica traz uma discussão que costuma servir como lente para aprofundar as indagações do pesquisador. Essa discussão teórica caminha em direção àquilo que será examinado, seja sustentando hipóteses/questões de pesquisa, seja fornecendo lentes para investigação de um tópico de pesquisa.

Em abordagens qualitativas ou quantitativas, as teorias buscam *explicar*, sejam comportamentos observáveis em relação a determinado fenômeno, sejam variáveis e hipóteses a serem testadas, como é o foco em *estudos quantitativos*. Nesses estudos, as questões e hipóteses são baseadas com frequência em teorias que o pesquisador procura testar. Em vez de desenvolvê-las, apresenta-se uma teoria, coletam-se dados que permitem testá-la/verificá-la e reflete-se sobre a sua confirmação (ou não confirmação) conforme os resultados obtidos. A teoria, portanto, torna-se um "modelo organizador" – uma estrutura – para as questões/hipóteses de pesquisa, bem como para os procedimentos de coleta e análise de dados.

O pesquisador testa/verifica uma teoria quando examina hipóteses/questões dela derivadas. A partir dela, definem-se variáveis para as hipóteses/questões que serão testadas. Após testadas as hipóteses, o pesquisador pode operacionalizar as variáveis derivadas da teoria. Localiza-se um instrumento a ser utilizado na mensuração ou na observação do fenômeno estudado. Coletam-se os escores nesses instrumentos, de modo a confirmar (ou não) a teoria. Isso significa que o pesquisador observa as variáveis de acordo com o instrumento utilizado para obter escores. Trata-se de uma lógica dedutiva, em que se orienta a posicionar a teoria, geralmente, no início de um projeto.

Em *estudos qualitativos*, por sua vez, as teorias indicam, muitas vezes, o posicionamento do pesquisador (como é influenciado pelos contextos pessoal, cultural, histórico etc.) e as lentes (perspectivas teóricas) que guiarão o estudo. Nesses estudos, no entanto, utiliza-se a teoria de forma mais variada.

Em uma pesquisa qualitativa, por exemplo, pode-se dedicar uma seção inteira à explicação do uso daquela teoria naquele estudo especificamente. Essa mesma teoria pode ser utilizada de forma distinta a depender do tópico pesquisado. Uma pesquisa de abordagem qualitativa pode utilizar a teoria no início para fornecer uma lente que direcione o que é visto e indagado pelo pesquisador, como é o caso de etnografias.

Pode-se, ainda em estudos qualitativos, gerar uma teoria ao longo da execução da pesquisa, como ocorre no caso da teoria baseada/fundamentada na realidade, *Grounded Theory* (veja Glaser e Straus, 2006, e Corbin e Strauss, 1990), posicionando-a ao final do estudo. O pesquisador inicia seu trabalho, por exemplo, reunindo informações dos participantes e classificando-as em categorias diversas. As categorias são desenvolvidas em padrões mais amplos (teorias, generalizações), sendo comparadas com a literatura existente sobre o assunto. Essa é a lógica da técnica indutiva, processo pelo qual se parte dos dados para temas amplos até que seja possível sustentar um modelo generalizado ou teoria. Nesse caso, a teoria se torna o "ponto final" de uma pesquisa. Além disso, estudos qualitativos podem não incluir uma teoria explícita, apresentando-se uma descrição do fenômeno central.

Em métodos mistos, por sua vez, teorias são tanto testadas como geradas. Uma pesquisa de métodos mistos pode também adotar uma lente teórica orientando todo o estudo, seja seu foco em questões feministas, raciais etc.

Convém ressaltar que, a depender da abordagem (e, portanto, da lógica seguida – indutiva ou dedutiva), uma teoria pode ser posicionada na seção de introdução; de revisão de literatura; após as hipóteses/questões de pesquisa como base para conectar as variáveis ou em uma seção separadamente. Creswell (2010, p. 86) apresenta as vantagens e as desvantagens em cada uma das opções de se posicionar a teoria.

Adere-se, na perspectiva dos autores deste livro, à preferência por posicionar a teoria em uma seção separada, de modo que o público possa distinguir a teoria de outros componentes da pesquisa, permitindo identificar mais claramente o uso da teoria e de que formas ela se relaciona ao estudo proposto. Por isso, apresenta-se no quadro sinótico (Tabela 6.1) a revisão de literatura e a fundamentação teórica separadamente, estando a teoria posicionada na fundamentação, que abarca toda a discussão teórica.

Uma fundamentação consistente esclarece o porquê de a lente analítica utilizada se adequar àquela pesquisa em específico. Assim, uma fundamentação teórica *qualitativa* faz sentido à medida que explica por que constitui uma lente analítica adequada à investigação, deixando claro o uso da teoria em relação ao tópico estudado, delineando, inclusive, as limitações de seu uso naquele contexto.

Já uma fundamentação teórica *quantitativa* faz sentido ao explicar as variáveis e as hipóteses a serem testadas, embasando os argumentos e fornecendo explicações para expectativas ou previsões. Isso porque as teorias são desenvolvidas, nessa abordagem, quando os estudiosos testam diversas vezes uma previsão. As hipóteses informam sobre o tipo de relação (positiva, negativa, desconhecida) entre variáveis e sua magnitude (alta, baixa, por exemplo). As hipóteses, ao serem testadas repetidas vezes em ambientes e populações diferentes, dão origem a uma teoria à qual é atribuído um nome. Desenvolve-se a teoria, então, como explicação para avançar o conhecimento em um campo. No caso de um projeto de tese, por exemplo, uma fundamentação adequada suporta a *originalidade* e a relevância da pesquisa para promover avanços às teorias já existentes.

6.2.2 Subsidia opções metodológicas

Percebe-se que, a partir da explicação do aspecto-chave anterior, "sustenta as hipóteses e/ou proposições da pesquisa ou constitui lente analítica adequada", as interconexões entre teoria e método. Dado que a teoria costuma guiar procedimentos de coleta e análise de dados, o modo como os procedimentos metodológicos são conduzidos a partir da teoria utilizada reflete sobre a sua confirmação (ou não) em pesquisas quantitativas, por um lado; por outro, a teoria serve de guia para direcionar pesquisadores qualitativos em relação a questões importantes a serem examinadas, inclusive em termos de opções metodológicas, ou é produto desse exame.

Assim, a teoria subsidia (e é subsidiada por, a depender da lógica) os procedimentos metodológicos e, portanto, os resultados/achados de uma pesquisa. Se uma teoria representa uma "generalização" de pensamentos interconectados ou partes associadas a um todo generalizável; uma generalização das interpretações/alegações do pesquisador; uma explicação desenvolvida à medida que uma pesquisa qualitativa avança e/ou, ainda, um "modelo organizador" tanto para hipóteses/questões de pesquisa quanto para procedimentos de coleta, tratamento e análise de dados, faz-se necessário que ela, no caso de uma pesquisa, esteja alinhada às opções metodológicas que possibilita – ou pelas quais seu surgimento é possibilitado.

6.2.3 Define claramente os conceitos centrais da pesquisa (definição constitutiva dos termos ou variáveis)

Ao delimitar um projeto de pesquisa de modo que o público entenda os parâmetros utilizados, definem-se termos centrais, o fenômeno central e/ou as principais variáveis. Isso é realizado no intuito de permitir que os leitores entendam os significados precisos das definições centrais usadas.

A decisão a respeito da definição (ou não) de um termo é uma tarefa que se baseia no julgamento do escritor/pesquisador. No entanto, uma das regras para optar pela inclusão de um termo com sua definição é pensar na possibilidade de o significado desse conceito não ser compreendido. Assim, a partir do momento em que surgirem termos que possam soar incomuns ou ininteligíveis para pessoas externas à área de estudo, faz-se necessário defini-los.

Ao se utilizar um termo pela primeira vez, define-se seu significado, evitando que o público continue lendo o projeto sem compreender precisamente a forma como foi empregado ou, ainda, que prossiga lendo a partir de um entendimento de um conjunto de definições que, posteriormente, são utilizadas de modo distinto pelo autor.

Espera-se de um projeto de pesquisa consistente, então, que os termos potencialmente incomuns sejam definidos à medida em que aparecem ao longo do texto. Os termos podem ser, em propostas de pesquisa *stricto sensu* (dissertações e teses), definidos em uma seção específica do estudo.

Projeto de Pesquisa – Revisão da Literatura e Fundamentação Teórica

Se for elaborada uma seção separada para esclarecer cada uma dessas definições especificamente (denominada "definição de termos", por exemplo), apresenta-se a seção com poucas páginas (não mais do que duas) e com significados invariáveis, a serem utilizados ao longo de todo o projeto.

Usam-se definições para padronizar a linguagem, para limitar termos, para delimitar critérios quanto ao uso dos conceitos, para esclarecer a utilização de uma definição no estudo em relação a outros usos do termo etc.

A necessidade de precisão na compreensão é o que justifica, em pesquisas formais, a necessidade de definir claramente os conceitos centrais da pesquisa e sua utilização. É preciso, portanto, manter um padrão em termos do uso dos conceitos centrais, de forma a possibilitar o entendimento dessas definições.

AO FINAL, QUESTIONE-SE

* O quadro teórico está bem desenvolvido e articula de forma adequada a questão de pesquisa, as hipóteses e/ou proposições?

DICAS

Em relação à revisão da literatura, é preciso atentar para que a seção faça emergir tanto as ideias dos autores utilizados quanto a do próprio pesquisador. Dito de outra forma, é necessário cuidado para que seja possível identificar o posicionamento do pesquisador, em vez de se tratar de uma colcha de retalhos de autores que já abordaram o tópico. No diálogo corrente, faz-se essencial a voz do pesquisador, não somente uma mescla de autores consagrados em determinado campo e de uma literatura mais contemporânea/recente.

Acerca da fundamentação teórica, tenha em mente que é necessário posicionar a teoria na proposta de pesquisa considerando a abordagem escolhida, seja ela quantitativa, qualitativa ou mista. Faz-se importante articular a teoria de forma consistente com a questão de pesquisa, as hipóteses e/ou proposições delimitadas. Ademais, sugere-se incluir não apenas referências internacionais ou nacionais, mas uma junção de ambas, sobressaindo uma ou outra, a depender do fenômeno em análise e de seu contexto. Costuma ser problemático desconsiderar o contexto ao pensar sobre a origem dos autores utilizados na fundamentação. Além disso, como em outras seções, as notas de rodapé e as citações diretas devem ser usadas com parcimônia (isto é, quando realmente necessárias para explicar termos imprescindíveis, sem que atrapalhe a fluidez do texto).

REFERÊNCIAS

Corbin. J. e Strauss, A. (1990). Grounded Theory Research: Procedures, Canons, and Evaluative Criteria. *Qualitative Sociology, 13*(1), 3-21.

Creswell, J. W. (2010). *Projeto de pesquisa: métodos qualitativo, quantitativo e misto* (Cap. 2, pp. 48-75). Porto Alegre: Artmed.

Fisch, C., e Block, J. (2018). Six tips for your (systematic) literature review in business and management research. *Management Review Quarterly, 68*(2), 103-106.

Glaser, B. G. e Strauss, A. (2006). *The Discovery of Grounded Theory: Strategy for Qualitative Research*. London: Aldine.

Grant, M. J. e Booth, A. (2009). A typology of reviews: An analysis of 14 review types and associated methodologies. *Health Information and Libraries Journal, 26*(2), 91–108.

Green, B. N., Johnson, C. D., e Adams, A. (2006). Writing narrative literature reviews for peer reviewed journals: secrets of the trade. *Journal of Chiropratic Medicine, 5*(3), 101-117.

Mendes-da-Silva, W. (2019). Editorial: contribuições e limitações de revisões narrativas e revisões sistemáticas na área de negócios. *Revista de Administração Contemporânea, 23*(2), 01-11.

SUGESTÕES DE LEITURA

Denyer, D., e Tranfield, D. (2009). *Producing a systematic review*. In D. A. Buchanan e A. Bryman (Eds.), *The Sage handbook of organizational research methods* (p. 671–689). London: Sage.

Geletkanycz, M., e Tepper, B. J. (2012). Publishing in AMJ – part 6: Discussing the implications. *Academy of Management Journal, 55*(2), 256-260.

Sparrowe, R. T., e Mayer, K. J. (2011). From the editors: Publishing in AMJ – part 4: Grounding hypotheses. *Academy of Management Journal, 54*(6), 1098-1102.

Sutton, R. I., e Staw, B. M. (1995). What theory is not. *Administrative Science Quarterly, 40*(3), 371-384.

Whetten, D. A. (1989). What constitutes a theorical contribution?. *Academy of Management Review, 14*(4), 490-495.

Exercício

1. Com base no CPP elaborado no exercício do Capítulo 5, elabore a Revisão da Literatura e a Fundamentação Teórica do seu projeto de pesquisa, e faça a autoavaliação proposta no quadro a seguir (*download* do arquivo de texto do quadro sinótico disponível em https://doi.org/10.13140/RG.2.2.15408.89605).

Organizando Projetos de Pesquisa

PARTES	SUBDIVISÃO	AUTOAVALIAÇÃO*	ANOTAÇÕES
Revisão da Literatura	Apresenta o resultado de estudos anteriores relacionados ao tema da pesquisa		
	Relaciona o projeto de pesquisa ao diálogo estabelecido na literatura		
	Identifica lacunas de pesquisa		
	Proporciona uma referência para comparar os resultados/achados da pesquisa		
	Suporta as justificativas para realização da pesquisa		
	Conduz a que a questão de pesquisa flua da discussão realizada		
	A literatura existente é refletida adequadamente ou faltam referências consideradas relevantes		
	Subsidia as opções metodológicas		
Teoria	Define claramente os conceitos centrais da pesquisa (definição constitutiva dos termos ou variáveis)		
	Sustenta as hipóteses e/ou proposições da pesquisa, ou se constitui lente analítica adequada para a investigação		

* Escala: Insatisfeito, Moderadamente satisfeito, Satisfeito ou Não se aplica.

CAPÍTULO 7

PROJETO DE PESQUISA — INTRODUÇÃO

Adonai José Lacruz e
Maria Clara de Oliveira Leite

Após a revisão da literatura, na introdução, volta-se a atenção à redação do conteúdo e ao esqueleto da proposta, e são construídos os aspectos do projeto em si. O processo de organização das ideias em uma estrutura leva ao desenvolvimento da introdução, seção vital de um projeto de pesquisa. Este capítulo busca contribuir para o desenvolvimento de uma completa introdução na elaboração de projetos de pesquisa.

Tratando-se de informações prévias acerca da pesquisa, uma introdução busca delimitar alguns aspectos da proposta, levando o público não somente a compreender essa estrutura e como o estudo se relaciona às pesquisas já existentes, mas também a identificar a questão e o contexto em que o problema de pesquisa está inserido.

Cabe, ainda no início deste capítulo, retomar a distinção entre um problema e uma questão de pesquisa (feita no Capítulo 5); ressaltar uma confusão no uso dos termos (questão e problema) como sinônimos; bem como esclarecer que é comum a dificuldade de autores em não identificarem de maneira clara o problema, até mesmo pela eventual utilização desses termos como sinônimos. De modo geral, a questão aparece na introdução em forma de pergunta, mas o problema por vezes pode se apresentar disperso, ficando a cargo do público decifrá-lo.

Enquanto um problema pode se originar de fontes múltiplas, seja a partir de debates políticos, de uma discussão da literatura prévia ainda a ser direcionada, seja de experiências pessoais dos pesquisadores no decorrer de suas histórias, as questões de pesquisa são, em geral, interrogativas, explícitas e levam o pesquisador à compreensão do fenômeno e à explicação do problema.

Uma vez que se trata do aspecto central de um trabalho, deve-se elaborá-la com muita cautela, de modo que a introdução desperte no leitor o interesse de se aprofundar no projeto. Mencionada aqui como "seção vital" e "aspecto central", você pode estar se perguntando por que uma introdução é tão importante.

A introdução é parte central de um projeto de pesquisa pois "prepara o terreno" para as outras seções, apresentando de forma resumida as informações das quais o leitor precisa para compreender a pesquisa como um todo. Além de provocar o leitor o suficiente para que ele se mantenha interessado no tópico e continue a leitura, uma introdução precisa apontar a importância do estudo, o problema que originou a pesquisa e posicionar essas questões dentro de um contexto abrangente com base na literatura prévia já existente para um público particularmente interessado no tópico.

A complexidade de redigir uma introdução deriva de tudo que ela precisa transmitir em poucas páginas e espaço limitado, o que requer de seu escritor a capacidade de síntese, de modo a construir uma seção concisa e completa ao mesmo tempo. Ademais, requer do leitor uma abertura à interpretação, de forma a tornar menos desafiador o entendimento mais próximo (com menos ruídos) àquele que o pesquisador pretendeu apresentar.

Os problemas de pesquisa em um estudo de natureza qualitativa, quantitativa e mista diferem entre si. Embora uma introdução apresente tipos de problemas diversos, a depender da abordagem e do método utilizados, pode-se dizer que, em geral, as introduções apresentam um padrão a ser seguido, uma estrutura que permite redigir uma introdução acadêmica considerada completa nas ciências sociais.

Esse modelo inclui a descrição do problema de pesquisa, o objetivo da proposta, bem como sua justificativa, sua importância, as contribuições ao se estudar o problema da forma pretendida, considerando as lacunas de estudos anteriores e como se busca preenchê-las. Uma vez que o objetivo deste capítulo é facilitar a escrita de uma introdução completa e instigante, espera-se que as reflexões desta seção permitam ao pesquisador redigi-la de modo que este capte a atenção do leitor e elabore elementos fundamentais a uma introdução. A seguir, no quadro sinótico (Tabela 7.1), apresentam-se as cinco partes das quais uma introdução é composta e os nove aspectos-chave (subdivisões) relacionados às respectivas partes.

A seguir, explica-se brevemente cada uma das partes conforme a subdivisão apresentada no quadro sinótico (Tabela 7.1), a saber: problema de pesquisa; estudos anteriores que abordaram o tema; deficiências/limitações dos estudos anteriores; importância do estudo para sua audiência; declaração do objetivo. A sequência foi estabelecida em termos didáticos, não em ordem de prioridade. Sigamos, então, por cada uma das partes que compõem uma introdução.

TABELA 7.1
Quadro sinótico: introdução

PARTES	SUBDIVISÃO
Problema de pesquisa	Gancho narrativo (abertura que desperte e prenda a atenção do leitor)
	Circunstância (i.e., questão) que conduz à necessidade da investigação
Estudos anteriores que abordaram o tema	Síntese da revisão de estudos prévios
	Lugar do problema de pesquisa no diálogo estabelecido na literatura
Deficiências/limitações dos estudos anteriores	Lacunas de pesquisa
	Formas de direcionar as deficiências/limitações identificadas
Importância do estudo para sua audiência	Para a teoria e/ou prática e/ou método e/ou política (i.e., grupos sociais)
Declaração do objetivo	Objetivo geral: o que se pretende atingir com o estudo
	Objetivos específicos: etapas que conduzem, de forma lógica, à consecução do objetivo geral

7.1 Problema de pesquisa

Tendo sido esclarecida a importância de uma introdução, a distinção entre um problema e uma questão de pesquisa e o uso dos termos como sinônimos, volta-se, neste momento, ao problema de pesquisa. Em uma introdução qualitativa, o papel da teoria se destaca em comparação com estudos quantitativos. Isso porque a estrutura de uma introdução qualitativa costuma ser direcionada pela perspectiva teórica por meio da qual o problema será examinado. Em introduções quantitativas, por seu turno, o problema é orientado ao entendimento dos fatores/variáveis que potencialmente influenciam um resultado. Já em métodos mistos, a elaboração de uma introdução pode contar com elementos da abordagem qualitativa, quantitativa ou uma mescla de ambas, seja no intuito de explorar determinado assunto com maior profundidade, seja para compreender relações entre variáveis ou com ambos os propósitos. Pode-se iniciar a primeira fase de uma pesquisa a partir de um propósito quantitativo e, logo após, direcioná-la para uma intenção qualitativa ou vice-versa. O modo como o problema é abordado, portanto, diz respeito às escolhas anteriores de cada pesquisador.

Tendo em mente as particularidades de cada estudo, costuma-se iniciar uma pesquisa com alguns parágrafos (ou apenas um, a depender da limitação de espaço e da forma como a introdução foi conduzida, de como seus componentes foram distribuídos) orientados à questão e ao problema de pesquisa. Busca-se despertar, nesse momento, o interesse do público a partir da inclusão de informações associadas ao contexto da pesquisa. Dito de outra forma, estabelece-se inicialmente um *gancho narrativo*, por meio de dados e argumentos, de modo a despertar a atenção do leitor ainda nas frases de abertura.

Neste momento inicial (gancho narrativo), não convém uma especificação profunda do fenômeno. Pelo contrário, faz-se necessária apenas uma afirmação genérica que permita que o público compreenda o tópico a ser estudado. O gancho narrativo pode ser comparado a uma isca no processo de pescar, uma vez que esse gancho intenta "fisgar" o peixe apenas quando todo o conjunto de apetrechos forem alinhados e cautelosamente lançados ao mar. Nesse processo, importa o diâmetro da linha, o peso das iscas, como serão usadas etc.

Da mesma forma que é necessário saber qual equipamento é adequado à pescaria desejada, para atrair o leitor em uma pesquisa é importante pensar na escolha das palavras iniciais, de forma a despertar o interesse pela proposta, "fisgando" o público.

A escrita de boas frases de abertura pode ser aprimorada em aulas de redação e/ou pela leitura de exemplos extraídos de textos jornalísticos e de artigos de periódicos. O leitor deve ser direcionado ao tópico, e, para isso, não se deve caminhar de forma a entrelaçar pensamentos demasiadamente detalhados em uma folha de papel. Em vez de um emaranhado de ideias, precisa-se organizar letras e palavras em frases que façam sentido, para conduzir ao tópico estudado.

Além da abertura a partir de um gancho interessante, com frases de compreensão ampla, outros componentes do estudo precisam ser apresentados. Ainda nas primeiras sentenças, além do gancho narrativo, é preciso identificar o problema de pesquisa que levou à sua realização. Independentemente da abordagem, faz-se fundamental delimitar o contexto em que se insere a questão de pesquisa e identificar o problema de pesquisa.

Esse problema levará à necessidade de elaboração do estudo, a partir de questões práticas a serem repensadas, de preocupações a serem direcionadas, de dificuldades a serem tratadas. Todos esses elementos constituem fontes de problemas de pesquisa e colaboram para que o leitor identifique no texto o problema que impulsionou a pesquisa.

O problema pode se tornar mais claro ao leitor a partir do momento em que a questão de pesquisa é especificada (geralmente em forma de pergunta). Apesar de a questão de pesquisa emergir da revisão de literatura, como visto no Capítulo 6, não é incomum que ela seja declarada na introdução, a fim de antecipar ao leitor a questão que se pretende responder com a investigação. Por fim, destaca-se que a questão e o problema, em artigos de periódicos, geralmente são apresentados em sua introdução nos parágrafos iniciais.

7.2 Estudos anteriores que abordaram o tema

Estabelecido o gancho narrativo e delimitado o contexto maior no qual se insere o problema de pesquisa, menciona-se como ele foi estudado anteriormente. Convém esclarecer que, na introdução, as pesquisas anteriores são apenas pinceladas, isto é, são brevemente expostas, de modo a posicionar o problema de pesquisa no diálogo estabelecido pela literatura. Dessa forma, trata-se não de antecipar por completo a revisão de literatura, mas de trazer seus elementos essenciais.

Em outras palavras, deve ser realizada aqui uma *síntese* dos estudos prévios, um breve resgate da revisão de literatura de forma a localizar o problema de pesquisa no diálogo a respeito da literatura já existente — razão pela qual essa revisão é realizada antes da introdução, mesmo que seja precedida da introdução na impressão do projeto de pesquisa. Assim, a revisão de estudos que já trataram do tema, em uma introdução, ocorre de forma a esclarecer a relevância de se pesquisar um problema especificamente (justificativa) e as contribuições ao se aprofundar no problema a partir da revisão de pesquisas que já abordaram esse mesmo problema. Busca-se, nesta etapa, em vez da apresentação de pesquisas únicas e isoladas, situar o leitor a partir de um amplo e sintético panorama, que forneça uma breve descrição do "estado da arte" sobre aquele tópico e de suas associações com o problema que se pretende investigar. Para maiores detalhes acerca da condução de uma revisão de literatura, conferir o Capítulo 6 deste livro.

7.3 Deficiências/limitações dos estudos anteriores

Na introdução, após lançar a isca para "fisgar" o leitor e apresentar o problema de pesquisa, posicionando-o em relação ao diálogo corrente na literatura, abordam-se também as deficiências/lacunas existentes nessa literatura.

A literatura anteriormente pesquisada pode ser deficiente por motivos diversos. É possível que as pesquisas anteriores não tenham estudado variáveis específicas; que elas não tenham trabalhado o tópico com grupo/amostra/população particulares, ou tenham deixado em aberto determinados conceitos que poderiam ter sido aprofundados de forma mais "madura" a partir do que já foi produzido. Será útil, por exemplo, repetir o que foi encontrado na literatura prévia (duplicá-la), para observar como esses achados/resultados se diferenciam ou se assemelham a partir de novas amostras, locais ou grupos anteriormente negligenciados pela literatura.

É muito importante que a conexão da lacuna de pesquisa com as contribuições teóricas do estudo seja realçada na introdução. Não é tarefa fácil, entretanto, identificar lacunas teóricas de pesquisa. As lacunas teóricas podem ser entendidas como janelas de oportunidade para avançar o conhecimento, e essas janelas podem estar presentes em diferentes componentes da teoria.

Para Sutherland (1975, p. 9) a teoria é "[...] um conjunto ordenado de afirmações sobre um comportamento ou estrutura genérica que se supõe ser válida em uma gama significativamente ampla de instâncias específicas" (tradução nossa).* Whetten (1989) complementa que a teoria é composta por quatro componentes: fatores (o quê?), relações (como?), pressupostos de causalidade (por quê?) e fronteiras da generalização (quem, onde e quando?). Na Figura 7.1, apresenta-se desenho esquemático para ilustrar essas relações.

Na Figura 7.1 as letras (A, B, C) se referem aos fatores (o quê?); as setas, às relações (como?); o círculo (plano), aos pressupostos de causalidade das relações entre os fatores (por quê?); e a circunferência (contorno), ao alcance e extensão da teoria (quem, onde e quando?).

Assim, as lacunas podem ser identificadas pela necessidade de adicionar ou subtrair fatores (o quê?) à teoria (ou seja, variáveis, construtos etc.), a fim de melhor balancear abrangência e parcimônia. Porém, como adverte Whetten (1989, p. 493), "Assim como uma lista de variáveis não constitui uma teoria, a adição de uma nova variável a uma lista existente não deve ser entendida como uma contribuição teórica" (tradução nossa).† Portanto, adicionar ou subtrair fatores será uma contribuição à teoria se focar os novos relacionamentos (como?) nela presentes.

---

* Do original: "[...] an ordered set of assertions about a generic behavior or structure assumed to hold throughout a significantly broad range of specific instances" (Sutherland, 1975, p. 9).
† Do original: "Just as a list of variables does not constitute a theory, so the addition of a new variable to an existing list should not be mistaken as a theoretical contribution" (Whetten, 1989, p. 493).

FIGURA 7.1
Componentes da teoria

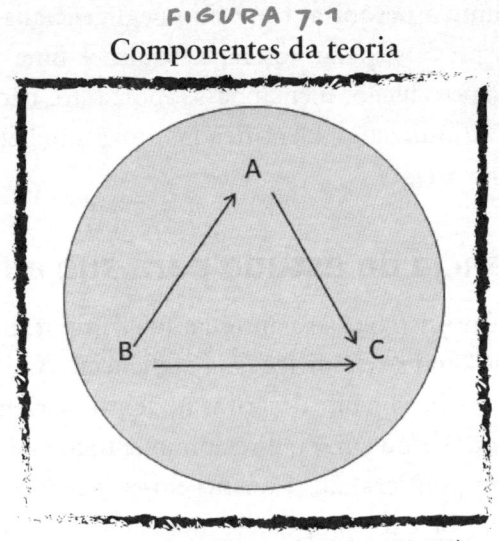

[Figura: círculo contendo triângulo com vértices A (topo), B (inferior esquerdo) e C (inferior direito), com setas de B para A, de A para C e de B para C]

Fonte: a partir de Whetten (1989, pp. 490-492)

Lacunas também podem decorrer de novas explicações lógicas para fundamentar a teoria (por quê?), isto é, os pressupostos de causalidade. Nesse caso, geralmente, elas advêm de novas perspectivas teóricas para investigar o fenômeno de interesse.

Outra possibilidade é identificar lacunas a fim de reduzir as restrições nas delimitações de aplicabilidade da teoria (quem, quando e onde?), ou seja, ampliar as fronteiras de generalização da teoria. Nesse caso, o foco da investigação deve residir no "por quê?" e/ou no "como?". Isso ocorre para que a teoria possa acomodar novos elementos. Enfim, é possível identificar lacunas teóricas nos domínios do "o quê?" e do "quem, onde e quando?"; mas a contribuição teórica advém, geralmente, do "como?" e do "por quê?".

Além de mencionar as deficiências de estudos anteriores, faz-se importante direcionar a sua resolução. Assim, explica-se como a pesquisa resolverá ou tratará delas. Se uma variável importante tiver sido negligenciada anteriormente, a inclusão e a análise das relações dessa variável com outras constituem, por exemplo, formas de tratar dessa limitação em específico. Se a análise de minorias (e.g. indígenas ou outro grupo cultural importante à pesquisa) tiver sido negligenciada de alguma forma por estudos prévios, incluí-los na pesquisa é uma forma de sanar essa lacuna. Na introdução, menciona-se, portanto, não somente as lacunas/deficiências/limitações identificadas, mas também as potenciais formas de solucioná-las.

7.4 Importância do estudo para sua audiência

Na introdução, é preciso que seja apresentada a importância da pesquisa para o público ao qual se ela dirige (sua audiência). Assim, as contribuições precisam estar claramente descritas no texto, seja em termos de teoria, prática, métodos e/ou em seu direcionamento a mudanças/inovações em processos, em políticas etc. Constituem-se potenciais contribuições práticas quando, por exemplo, determinados grupos sociais passam a ser beneficiados por mudanças decorrentes de soluções práticas a um problema apresentado pela pesquisa.

Seja em termos teóricos, práticos ou outros, faz-se essencial a identificação — por parte do pesquisador — da(s) audiência(s) à(s) qual(is) a pesquisa se destina e com a(s) qual(is) o problema pretende colaborar. Essa audiência varia de acordo com a proposta de pesquisa em específico, mas pode incluir diversos grupos sociais, como outros acadêmicos de áreas afins, *policy makers*, organizações sem fins lucrativos, outros tipos de organizações ou, ainda, diversas pessoas com suas variadas formas de organizar um projeto, seja ele de pesquisa, como o caso deste livro, ou de arquitetura, por exemplo. No entanto, como o público é variado, é clara a necessidade de mencioná-lo brevemente na introdução.

Convém esclarecer que, à medida que se amplia a audiência (quanto mais públicos forem atingidos), aumenta-se a chance de que o conteúdo produzido seja visualizado ou utilizado, ampliando-se sua aplicação.

Em linhas gerais, faz-se fundamental esclarecer a audiência/o público a quem o projeto se direciona, mencionando-se as *contribuições da pesquisa* para aquela audiência particularmente. Em projetos de tese, por exemplo, além de isso ser elencado na introdução, pode-se incluir uma seção específica que descreva a importância daquele estudo para a audiência selecionada. Nessa seção, aponta-se a importância e as implicações da pesquisa, justifica-se o estudo conforme lacunas existentes e potenciais benefícios dos resultados esperados de forma mais aprofundada do que a breve menção na introdução.

7.5 Declaração do objetivo

O elemento final (ou inicial, a depender de como se elabora e redige a pesquisa) de uma introdução constitui uma declaração do objetivo (propósito) do estudo. Enquanto que, em projetos de pesquisa de teses, a declaração de objetivo costuma aparecer em uma seção separada, em artigos de periódicos decorrentes de projetos, essa declaração geralmente é descrita no início, fazendo parte da introdução.

A declaração do objetivo constitui um aspecto essencial em uma pesquisa. É o objetivo que permite à audiência orientar seu olhar para determinado ângulo, a partir do qual outros elementos da pesquisa se desenvolverão.

A declaração do objetivo é de suma importância porque representa a ideia central de um projeto, sua razão de ser. Em um projeto de pesquisa, trata-se de uma intenção, de o que se planeja investigar, o que se pretende atingir ao final da condução da pesquisa. Seja denominado de "intenção", "propósito", "objetivo" em si, o que se declara aqui é "o que se pretende" alcançar a partir da proposta. Por sua importância, faz-se necessário, em geral, distinguir o objetivo de outros aspectos do projeto de pesquisa, de modo a declarar esse propósito em uma sentença ou em parágrafos concisos e específicos, a fim de levar o leitor à fácil identificação.

Convém retomar a distinção entre o propósito de um estudo e o problema de pesquisa (abordada no Capítulo 5), embora ambos os aspectos estejam entrelaçados. O propósito (ou objetivo) define a intenção da proposta, com base na necessidade de se direcionar um problema e se refinar uma questão específica de pesquisa. Assim, embora não sejam sinônimos, o problema influencia a declaração de objetivo, que, por sua vez, interfere na forma como determinada teoria aparece na pesquisa e na maneira como o problema é investigado, como as questões são conduzidas, bem como os resultados/achados são interpretados.

Da mesma forma que o problema em artigos derivados de projetos de pesquisa, as declarações de objetivo se encontram em geral de forma clara na introdução do artigo. Diferentemente do problema (que a questão de pesquisa ajuda a localizar em forma de pergunta), o objetivo é expresso por meio de palavras de ação/verbos (identificar, descrever, analisar, explorar, explicar etc.) que costumam variar conforme a abordagem da pesquisa (qualitativa, quantitativa ou mista), mas levam a audiência a identificar o que se pretende, quando, em qual lugar e para quem.

A declaração do objetivo, dessa forma, define para onde se pretende conduzir a pesquisa, isto é, a direção para a qual se planeja seguir ao longo do percurso. Idealmente, declara-se o objetivo da pesquisa e os passos (percurso metodológico) para que ele seja atingido. No entanto, considerando que a questão de pesquisa e o problema podem ser repensados no decorrer do desenvolvimento de uma pesquisa (imagine o horizonte de quatro anos, como o de uma tese), tratando-se de uma *intenção*, é possível ser necessário alterar o objetivo ao longo de todo o processo. Nesse caso, muda-se a pesquisa como um todo, e passam a ser conduzidos novos procedimentos de coleta e análise de dados, direcionados à consecução da nova intenção declarada.

Em linhas gerais, uma declaração de objetivo deve ser clara e concisa. Em relação ao tempo verbal de um projeto de pesquisa, utiliza-se o futuro por se tratar de um plano (proposta) apresentado. Caso a pesquisa seja uma tese, uma dissertação ou um artigo de periódico, pode-se optar pelo tempo verbal presente ou até mesmo passado. Os projetos de pesquisa dos quais derivaram, no entanto, são apresentados em tempo futuro.

As características que foram presentemente apresentadas como necessárias na declaração de um objetivo em um projeto de pesquisa são aquelas que os autores entendem como cruciais independentemente da abordagem, embora seja importante também pontuar que uma declaração de objetivo qualitativa se faz substancialmente diferente de uma declaração de objetivo quantitativa em termos de linguagem e de enfoque. Na declaração de uma pesquisa quantitativa, o foco recai sobre as variáveis a serem relacionadas ou investigadas, enquanto uma declaração de objetivo qualitativa emprega expressões e procedimentos de um projeto emergente com base em experiências e lentes do pesquisador.

Em uma pesquisa quantitativa são apresentados os tipos de variáveis que podem ser utilizados e sua escala de mensuração (ou observação). Além disso, alguns dos termos que podem ser empregados em declarações quantitativas incluem: variáveis independentes e dependentes, afetam, influenciam, causam, consequências, resultam, relações, moderação, mediação, comparação, variáveis intervenientes/mediadoras, variáveis de controle, procedimentos estatísticos, mensuração, resultado, efeito etc.

Em uma abordagem qualitativa, por outro lado, explorações de relações ou comparações entre elementos não costumam ser antecipadas no início de um estudo. Em vez disso, explora-se "como" determinado fenômeno pode se desenvolver a partir de significados a ele atribuídos, por exemplo. Algumas das palavras de ação utilizadas podem ser "descrever", "entender", "desenvolver", "analisar", "examinar", "descobrir" ou outra que mantenha o caráter aberto e emergente de uma investigação qualitativa, em vez de uma linguagem que possa predeterminar resultados, como no caso de pesquisas quantitativas.

Pesquisas mistas incluem tanto aspectos de declarações de objetivo qualitativas quanto quantitativas. É importante indicar, neste caso, o tipo de projeto de métodos mistos a ser desenvolvido (sequencial, simultâneo ou transformacional). Incluem-se, em declarações mistas, características de ambas as abordagens, adicionando-se as informações especificamente conforme o objetivo declarado.

Nessa etapa, podem ser mencionados a estratégia de investigação que se pretende utilizar (etnografia, fenomenologia etc.); os prováveis participantes (quem será investigado? Um grupo de pessoas, uma organização por completo ou parte dela etc.); o local (onde o estudo ocorrerá?) para aprofundar a investigação (trata-se de eventos, de comunidades específicas, de algumas casas em particular?). Esses itens, quando incluídos conjuntamente na declaração de objetivo, levam a uma redação completa acerca da intenção do projeto de pesquisa qualitativo. Essa declaração não deve ser confundida com definições operacionais específicas, a serem abordadas mais detalhadamente no Capítulo 8 deste livro (Procedimentos Metodológicos).

Independentemente do enfoque, a título de exemplo, uma declaração de objetivo seria iniciada por uma frase similar à seguinte: "a intenção/o propósito/o objetivo desta pesquisa é/será/recairá sobre...", acrescentando-se o restante conforme cada pesquisa especificamente.

Por fim, mas não menos importante, convém atentar para a importância de declarar tanto o objetivo geral quanto os específicos, isto é, os que dele decorrem. A este respeito, os objetivos específicos podem ser apresentados em *bullets* e representam as etapas que conduzem, de forma lógica, à consecução do objetivo geral. Por meio do cumprimento dos objetivos específicos, atinge-se o objetivo geral de um projeto de pesquisa.

AO FINAL, QUESTIONE-SE

- A motivação para a realização da pesquisa é sólida/convincente?
- A introdução traz brevemente as limitações da literatura prévia e a intenção do estudo a partir dessas lacunas, de modo a deixar claros o problema de pesquisa e a importância do estudo para sua audiência?
- O leitor (da audiência do estudo) se sentiria motivado a continuar lendo o projeto de pesquisa após ler a introdução? O leitor foi "fisgado"?

Projeto de Pesquisa – Introdução

DICAS

Os primeiros parágrafos de uma proposta destinam-se a despertar a atenção e o interesse do público pela pesquisa. Por isso, é importante evitar incluir citações diretas, expressões idiomáticas ou "banais" e frases muito longas nesse momento do texto. Em vez disso, estatísticas podem impactar o leitor, sendo a informação numérica uma ferramenta para "fisgar" o público. Se uma pesquisa tratar de tópico socioambientalmente relevante, como o saneamento básico, revelar alguns dados pode levar à continuidade da leitura. A título de exemplo, poder-se-ia redigir o seguinte: "No entanto, os dados são mais preocupantes em relação ao esgotamento sanitário [...] pois apenas 39% da população mundial (2,9 bilhões de pessoas) têm acesso a esses serviços (WHO, 2018)", como apresentado no trabalho de Leite, Felipe e Almeida (2020, p. 2).

Além disso, o uso de adjetivos pode ser problemático em uma declaração de objetivo, tais como "útil", "negativo/positivo", uma vez que pode direcionar os sujeitos e os contextos sob investigação. Como as ideias centrais se apresentam de forma mais emergente na pesquisa qualitativa, em termos comparativos, na busca por introduzir informações que posicionarão o leitor diante do fenômeno central, pode-se incluir expressões como "busca-se nesta pesquisa", "trata-se de uma tentativa de", "intenta-se observar" etc.

É necessário fazer uma síntese da literatura anterior na introdução, mas o pesquisador deve atentar para não adentrar minuciosamente na literatura, pois esse será o papel da revisão de literatura. Além disso, ao elaborar a questão de pesquisa e ao posicionar o problema frente à literatura existente, deve-se perceber a relevância desses aspectos, isto é, convém investigar o tópico pela perspectiva proposta e a partir da questão proposta? Ou, em vez disso, a questão e o problema já foram satisfatoriamente respondidos por estudos anteriores? Pensa-se, portanto, nas contribuições que os resultados/achados trarão em relação àquilo que já se sabe a respeito do tópico. Ademais, não cabe delimitar tarefas mirabolantes e irreais que culminem em objetivos inviáveis de serem cumpridos no prazo previsto. Seja uma pesquisa de mestrado, doutorado ou outra, é preciso calibrar tempo e recursos.

Por fim, seja na introdução ou ao longo de outras seções do projeto, a narrativa pode ser conduzida na primeira pessoa, caso se trate de um ponto de vista mais "pessoal", como ocorre em geral em pesquisas de natureza qualitativa, ou na terceira, a partir de um ponto de vista mais "impessoal" (embora seja necessário desmistificar o caráter completamente neutro de uma pesquisa científica produzida por seres humanos), como geralmente acontece em pesquisas de abordagem quantitativa. A redação costuma refletir o paradigma implícito na análise, podendo ser redigida na primeira ou terceira pessoa, a depender do grau de "subjetividade" ou "objetividade", respectivamente, que se pretende atribuir ao pesquisador e ao seu objeto.

REFERÊNCIAS

Leite, M. C. O., Felipe, E. S., e Almeida, T. C. (2020, novembro). Limites e possibilidades da alteração do marco legal do saneamento básico: um ensaio teórico sobre o setor no Brasil. In *Anais do 22º Encontro Internacional sobre Gestão Empresarial e Meio Ambiente*, São Paulo, SP.

Sutherland, J. W. (1975). *Systems: Analysis, administration, and architecture*. New York: Van Nostrand.

Whetten, D.A. (1989). What constitutes a theoretical contribution?. *Academy of Management Review, 14*(4), 490–495.

SUGESTÃO DE LEITURA

Grant, M. A., e Pollock, G. T. (2011). From the editors: Publishing in AMJ – Setting the hook. *Academy of Management Journal, 54*(5), 873-879.

Exercício

1. Com base no CPP elaborado no exercício do Capítulo 5 e na revisão da literatura e fundamentação teórica elaboradas no exercício do Capítulo 6, escreva a introdução do seu projeto de pesquisa e faça a autoavaliação proposta no quadro seguinte (*download* do arquivo de texto do quadro sinótico disponível em https://doi.org/10.13140/RG.2.2.15408.89605).

Projeto de Pesquisa – Introdução

PARTES	SUBDIVISÃO	AUTOAVALIAÇÃO	ANOTAÇÕES
	Gancho narrativo (abertura que desperte e prenda a atenção do leitor)		
Problema de pesquisa	Circunstância (i.e., questão) que conduz à necessidade da investigação		
	Síntese da revisão de estudos prévios		
Estudos anteriores que abordaram o tema	Lugar do problema de pesquisa no diálogo estabelecido na literatura		
	Lacunas de pesquisa		
Deficiências/limitações dos estudos anteriores	Formas de direcionar as deficiências/limitações identificadas		
Importância do estudo para sua audiência	Para a teoria e/ou prática e/ou método e/ou política (i.e., grupos sociais)		
	Objetivo geral: o que se pretende atingir com o estudo		
Declaração do objetivo	Objetivos específicos: etapas que conduzem, de forma lógica, à consecução do objetivo geral		

*Escala: Insatisfeito, Moderadamente satisfeito, Satisfeito ou Não se aplica.

CAPÍTULO 8

PROJETO DE PESQUISA – PROCEDIMENTOS METODOLÓGICOS

Adonai José Lacruz e
Maria Clara de Oliveira Leite

APÓS A ESPECIFICAÇÃO DE TODOS OS ELEMENTOS INICIAIS DE UMA PESquisa (feita a revisão da literatura e estabelecidos os componentes da introdução), necessita-se direcionar os procedimentos metodológicos de forma alinhada ao problema de pesquisa delimitado e à escolha teórica do estudo.

Este capítulo pretende contribuir neste sentido para o desenvolvimento de uma clara e completa apresentação de procedimentos metodológicos, condizentes com a teoria e o objetivo adotados na elaboração de projetos de pesquisa.

Os procedimentos metodológicos são centrais à execução de uma pesquisa, pois é por meio deles que se realizam a coleta, o tratamento e a análise de dados e que se chega aos resultados/achados, cujas contribuições, seja em termos teóricos, práticos ou outro, são esperadas. Trata-se da execução da proposta em si e de todo o caminho que é percorrido para que seja possível concluir a pesquisa.

Desse percurso derivam os resultados/achados do estudo e os aspectos posteriores à coleta de dados da pesquisa, tais como as análises de dados, a apresentação e a discussão dos resultados/achados, bem como a redação de todo o conjunto da obra. Deve-se definir cautelosamente os procedimentos metodológicos, pois eles dão credibilidade aos resultados/achados, além de viabilizar a reprodutibilidade da pesquisa em outro contexto.

Uma vez que o objetivo deste capítulo é conduzir a escrita de uma apresentação clara e completa de procedimentos metodológicos, espera-se que as reflexões desta seção permitam ao pesquisador atentar para alguns elementos essenciais desse processo, de modo que seja dada a devida transparência aos procedimentos metodológicos e seja possível executar e apresentar processos sem que se observem dados ou informações faltantes/insuficientes. A seguir, no quadro sinótico (Tabela 8.1), apresentam-se as quatro partes das quais uma introdução é composta e os dezesseis aspectos-chave (subdivisões) relacionados(as) às respectivas partes.

Se o processo de pesquisa for pensado como um tabuleiro de xadrez, com diversos movimentos até o xeque-mate, etapa final do jogo, pode-se conceber os aspectos metodológicos como os movimentos das peças (execução) rumo à conclusão da pesquisa, neste caso, a partir do projeto, por onde o jogo se inicia. Cada passo dos procedimentos metodológicos, como as peças do xadrez, tem suas técnicas e suas especificidades. Da mesma forma como os movimentos do bispo ocorrem na diagonal e diferem dos do cavalo, cujo galopar é em "L", espera-se da abordagem qualitativa, por exemplo, um conjunto de técnicas específicas de coleta e análise de dados que seja distinto do da quantitativa. Andar com o cavalo na diagonal é inviável no jogo de xadrez, da mesma forma que utilizar técnicas quantitativas em uma pesquisa qualitativa e esperar resultados/achados coerentes às vezes se mostra difícil. Os procedimentos metodológicos variam conforme as escolhas específicas de determinado projeto, em termos do problema de pesquisa, dos objetivos, da abordagem etc., assim como os movimentos das peças do xadrez.

TABELA 8.1
Quadro sinótico: procedimentos metodológicos

PARTES	SUBDIVISÃO
Delineamento	Abordagem (i.e., qualitativa, quantitativa ou mista), Estratégia de investigação e classificação quanto aos objetivos da pesquisa (i.e., descritiva, exploratória ou explicativa)
	Estratégia de observação (i.e., transversal, séries temporárias ou painel)
Procedimentos de coleta e análise de dados	Técnicas de coleta de dados
	Técnicas de tratamento e análise de dados
	Verificação da validade e da confiabilidade dos procedimentos metodológicos empregados, estabelecimento de formas de controle para possíveis explicações rivais dos resultados e apresentação dos procedimentos metodológicos a serem adotados de forma que seja possível replicar o estudo em contextos similares com as devidas adaptações
Delimitação	Objeto de investigação (unidade de análise), recorte espacial (geográfico) e recorte temporal
	Técnicas de amostragem e/ou seleção dos sujeitos e tamanho da amostra e/ou do corpus
Variáveis e/ou termos	Limitação do método
	Definição operacional

A seguir, explica-se brevemente cada uma das partes conforme a subdivisão apresentada no quadro sinótico (Tabela 8.1), a saber: delineamento; procedimentos de coleta e análise de dados; delimitação; variáveis e/ou termos. Essa sequência foi estabelecida em termos didáticos, não em ordem de prioridade. Sigamos, então, por cada uma das partes que compõem os procedimentos metodológicos, com suas respectivas subdivisões.

8.1 Delineamento

O delineamento de uma pesquisa diz respeito ao papel que o pesquisador desempenhou na condução da pesquisa e ao seu posicionamento diante do fenômeno estudado. A este respeito, destacam-se na literatura três abordagens distintas, a saber: *qualitativa, quantitativa e mista*.

Para Bansal e Corley (2011), uma importante diferença filosófica entre a maioria das pesquisas qualitativas e quantitativas reside no papel do pesquisador para os resultados/achados da pesquisa. Por que é fundamental distinguir as três abordagens? Essa resposta é encontrada quando se reflete sobre a interferência do delineamento da pesquisa na forma como os procedimentos metodológicos (e a pesquisa em si) são conduzidos, interpretados e apresentados.

Neste sentido, uma análise quantitativa de dados implica na desvinculação do pesquisador dos dados, pois se busca objetividade. Dessa forma, costuma-se remover o investigador da redação ao se redigir o texto, por exemplo, em terceira pessoa, focando-se números, estatísticas, gráficos etc.

Já os pesquisadores qualitativos costumam assumir que o fenômeno sob investigação não pode ser facilmente separado de quem o investiga. Assim, na redação do manuscrito, a voz do pesquisador deve ser lida, ouvida e interpretada (Bansal e Corley, 2011). Em linhas gerais, relacionam-se as diferentes abordagens à forma como se posiciona o olhar do pesquisador para a construção da teoria, de modo indutivo ou dedutivo.

Bansal e Corley (2012) esclarecem que, embora dados qualitativos possam ser utilizados para testes de teoria ou dedução, em geral, estudos qualitativos promovem e constroem a teoria de modo indutivo. Reside nessa diferença de objetivo as significativas distinções entre pesquisas qualitativas e quantitativas.

A respeito das inter-relações entre as abordagens utilizadas e as lógicas indutiva e dedutiva, pode-se encontrar um detalhamento maior no Capítulo 6 deste livro, que discorre sobre a revisão da literatura e a fundamentação teórica. Na fundamentação teórica, discutem-se os modos (indutivo e dedutivo) de conceber a teoria.

Além do teor filosófico por trás de cada pesquisa (que leva a uma aproximação maior com a lógica indutiva ou dedutiva, conforme já descrito), existe um conjunto de práticas de pesquisa que engloba suposições filosóficas e envolve mais do que isso, levando a uma estrutura que agrega essas suposições a *estratégias* (enfoques mais amplos das pesquisas) e a *métodos* (procedimentos específicos pelos quais são implementadas).

A identificação da abordagem utilizada e de seu conjunto de técnicas, então, consiste na avaliação de *alegações de conhecimento* do estudo (os pesquisadores iniciam seus projetos com determinadas suposições sobre como/o que aprenderão durante a pesquisa); da *estratégia de investigação*; e dos *métodos específicos* a serem utilizados para cumprimento dos objetivos. Esses três elementos permitem distinguir um estudo de métodos mistos de um qualitativo ou quantitativo.

As suposições filosóficas para desenvolver o conhecimento em estudos quantitativos são primariamente pós-positivistas (isto é, a partir de mensuração e observação, teste de teorias, raciocínio de causa e efeito etc.). Em pesquisas qualitativas, por sua vez, o pesquisador faz alegações de conhecimento baseando-se primordialmente em perspectivas construtivistas (i.e., a partir de significados múltiplos oriundos das experiências dos sujeitos, de significados construídos social e historicamente); reivindicatórias/participatórias (i.e., políticas, orientadas para a mudança ou para questões colaborativas etc.); ou considerando ambas. Já em métodos mistos, as suposições são aquelas em que se tende a embasar alegações de conhecimento em aspectos pragmáticos, com enfoque nos problemas e voltados para as consequências.

Além das suposições filosóficas, de modo mais aplicado, as diferenças entre abordagens quantitativas, qualitativas e mistas repousam sobre os métodos específicos de coleta e análise de dados. A respeito disso, pesquisas qualitativas geralmente envolvem a utilização de amostras intencionais, de dados não numéricos, de perguntas abertas na coleta de dados, de análise de texto e de imagem, além de interpretação pessoal dos achados da investigação. Isso porque as pesquisas qualitativas são emergentes (isto é, percepções emergem ao longo do processo e subsidiam pesquisas com essa abordagem, não sendo, assim, pré-configuradas) e fundamentalmente interpretativas. Já os procedimentos predeterminados, os questionamentos fechados e o foco em dados numéricos e em análises estatísticas constituem subsídios das pesquisas quantitativas.

Os métodos mistos, por sua vez, englobam uma mescla de procedimentos predeterminados e emergentes, de questões abertas e fechadas, de múltiplas formas de dados, de análises estatística e textual, com ênfase maior ou menor a depender da abordagem priorizada. É importante esclarecer que se pensa menos em uma abordagem *quantitativa versus qualitativa* e mais em uma integração possível pela combinação dos métodos, culminando em métodos mistos, ou na posição que a pesquisa ocupa entre duas abordagens distintas como essas. Neste sentido, *não necessariamente* todo o embasamento filosófico é caracterizado como quantitativo porque uma investigação emprega procedimentos estatísticos. Assim, os estudos, em vez de rígidos e encaixotados, empregam procedimentos distintos que os caracterizam, *tendendo* às abordagens qualitativa, quantitativa ou mista.

No que diz respeito às *estratégias de investigação*, estas operam em um nível mais aplicado do que as alegações de conhecimento e direcionam especificamente os procedimentos em um projeto de pesquisa. Assim, as estratégias de investigação governam as decisões tomadas em uma pesquisa em relação, por exemplo, ao uso de métodos. Trata-se de um plano de ação que, a partir das escolhas, associa métodos a resultados, permitindo o emprego de procedimentos diversos com base nesse enfoque mais amplo.

Projeto de Pesquisa – Procedimentos Metodológicos

As estratégias empregadas em estudos qualitativos diferem daquelas geralmente adotadas em estudos quantitativos. No entanto, pode-se utilizar estratégias similares, cuja distinção se dará no decorrer da coleta e da análise dos dados, a exemplo do estudo de caso, cujo uso pode ocorrer tanto em abordagens qualitativas quanto em quantitativas. Pontua-se, dessa forma, que as estratégias não são estáticas e se proliferam à medida que novos procedimentos de pesquisa são articulados e que as tecnologias se desenvolvem, permitindo novas formas de análise de dados. Existem, no entanto, estratégias mais frequentemente utilizadas em ciências sociais (ou em outros campos especificamente), e, aqui, debruça-se sobre as principais.

Como exemplo de estratégias de investigação associadas às pesquisas quantitativas, podem ser citados os estudos experimentais e os levantamentos (*surveys*). Enquanto o levantamento buscar descrever atitudes, opiniões e comportamentos (Fowler Jr., 2011), o experimento busca basicamente testar o impacto de uma intervenção sobre determinado resultado, controlando-se os fatores que podem influenciá-lo, ou seja, mantêm-se todos os demais fatores constantes (Campbell e Stanley, 1979). Tanto em levantamentos quanto em experimentos, existem métodos específicos para identificação de uma amostra, para coleta e análise de dados, para apresentação dos resultados e para elaboração de uma redação direcionada à interpretação de uma das suas estratégias.

Já as pesquisas qualitativas utilizam estratégias de investigação em que o investigador coleta dados emergentes/abertos e, a partir deles, busca desenvolver temas, tais como pesquisas narrativas, fenomenologias, etnografias, estudos de caso, estudos de teoria embasada na realidade/ *Grounded Theory* etc. Os métodos mistos, por seu turno, empregam estratégias de investigação que incluem coleta de dados simultânea ou sequencial na intenção de melhor entender o problema e as questões de pesquisa.

No que concerne à *classificação quanto aos objetivos de uma pesquisa*, pode-se destacar três tipos de pesquisa: descritiva, exploratória ou explicativa. É importante esclarecer que as classificações aqui apresentada, em vez de rígida, mostra-se, no decorrer do processo de pesquisa, flexível, com elementos intrínsecos umas às outras, não sendo, portanto, necessariamente excludentes.

A respeito das pesquisas descritivas, como o próprio nome esclarece, estas buscam observar, registrar, analisar e correlacionar fenômenos/variáveis para *descrevê-los*, sem manipulá-los. Os fenômenos dos mundos físico e humano são estudados para se descobrir com a maior precisão possível a frequência em que ocorrem, suas relações com outros fenômenos, sua natureza e suas características. As pesquisas descritivas se constituem, nas ciências sociais principalmente, ao se concentrar em dados e problemas que, embora sejam importantes de se estudar, não estão sistematicamente registrados em documentos. Por se apresentarem em seu "habitat natural", é preciso coletar ordenadamente e registrá-los, para que seja conduzido o estudo descritivo em si.

Os estudos exploratórios, por seu turno, também podem constituir a etapa prévia de um processo de pesquisa ao auxiliar na formulação de hipóteses/proposições que serão posteriormente investigadas. O objetivo de estudos exploratórios é, basicamente, permitir que o pesquisador se familiarize com o fenômeno, obtendo novas ideias ou percepções acerca dele. Em vez de elaborar hipóteses/proposições a serem testadas/investigadas, busca-se definir objetivos e encontrar informações que possam subsidiar a exploração do tópico a ser estudado. Por isso, a pesquisa exploratória pode realizar descrições específicas acerca de situações pesquisadas para descobrir inter-relações possíveis (Cervo e Bervian, 1996).

O planejamento de um estudo exploratório, frequentemente, apresenta-se flexível, possibilitando a inclusão/exclusão de aspectos distintos de um problema à medida que o contexto é explorado. Recomenda-se esse tipo de investigação quando é necessário estudar o problema em um campo de pesquisa em que há pouco conhecimento acerca dele.

A pesquisa explicativa, por sua vez, busca elucidar os porquês da — ou os fatores que contribuem para a — ocorrência de determinados fenômenos. Objetiva, assim, fornecer explicações científicas, seja pelo método experimental, observacional etc. Convém retomar que esse tipo de pesquisa seria realizado após um estudo exploratório ou descritivo, que, neste caso, subsidiaria o propósito de posterior elucidação do fenômeno e de suas variáveis, sendo possível, após a descrição, por exemplo, investigar mais a fundo as hipóteses/questões de pesquisa que o explicam. Em geral, apesar da classificação distinta das pesquisas conforme seus objetivos, traz-se uma potencial complementariedade entre as diversas possibilidades.

No que se refere às *estratégias de observação*, destacam-se aqui as pesquisas com dados de corte transversal; dados de série temporal; e dados de painel.

Estudos transversais envolvem a coleta de dados de observações de uma amostra da população *uma única vez*, ou seja, tomada em um determinado ponto no tempo, como uma fotografia. Em estudos em séries temporais, uma amostra fixa da população é *medida repetidamente*; ou seja, a mesma observação da amostra é estudada ao longo do tempo, como em um filme. Dados de painel, por sua vez, referem-se a uma série de tempo *para cada observação do corte transversal*.

Por exemplo, um estudo sobre como a população brasileira avalia o desempenho do governo federal *imediatamente depois* de estabelecido oficialmente o fim da pandemia da COVID-19 seria feito com dados de corte transversal; por outro lado, ao se analisar o desempenho do governo federal *durante* a pandemia da COVID-19, seria feito com dados de série temporal. Já uma pesquisa com dados em painel, por exemplo, seria sobre a avaliação da população de países da América do Sul acerca do desempenho *dos seus governos federais durante* a pandemia da COVID-19.

8.2 Procedimentos de coleta e análise de dados

Iniciar a preparação e a coleta de dados requer cautela em toda pesquisa empírica. Isso porque se trata de uma etapa fundamental às posteriores de análise de dados, de produção e discussão dos resultados, de conclusão e das implicações que tais resultados têm para a teoria e a prática.

Em relação a decisões mais operacionais sobre como coletar e analisar dados, quanto aos procedimentos e às principais *técnicas de coleta de dados,* é necessário, antes de se iniciar o processo da coleta em si, delimitar algumas fronteiras (tais como a unidade de análise, os recortes geográfico, temporal etc., aspecto tratado no próximo tópico) para, então, preparar os instrumentos de coleta, que costumam ser, em pesquisas qualitativas, *entrevistas, observações, documentos* e *materiais audiovisuais.*

As *entrevistas* são conduzidas com o intuito de registrar as visões/opiniões dos participantes e incluem variações em suas modalidades, tais como: individuais ou com grupos focais; estruturadas, semiestruturadas etc. As *observações* são caracterizadas por procedimentos nos quais o pesquisador anota o que observou em campo a respeito das pessoas, do local investigado, entre outras percepções, com variações que incluem desde um pesquisador não participante até um que participe integralmente do contexto. Os *documentos* a serem coletados e analisados podem originar-se de fontes públicas, como conteúdo jornalístico, relatórios oficiais etc., ou privadas, a exemplo de registros pessoais, cartas, correio eletrônico de empresas etc. Os *materiais audiovisuais,* por seu turno, geralmente constituem fotografias, objetos de arte, vídeos, músicas etc. Apresentam-se aqui os instrumentos principais para coletar dados, embora existam outras formas não usuais de coleta (como coletar cheiros, gostos ou sensações), cuja ilustração pode ser encontrada em Creswell (2010, p. 213).

Tradicionalmente baseados em observações e entrevistas, os procedimentos de coleta incluem, atualmente, um leque mais amplo de materiais e conteúdos emergentes, englobando, além de dados textuais, dados em imagem ou som. Além disso, esses instrumentos podem ser utilizados de forma combinada, e, anteriormente ao início da coleta, define-se um protocolo para registro dos dados coletados. O envolvimento do pesquisador qualitativo com os participantes costuma levar a uma coleta harmoniosa, na qual é preciso informar questões éticas e estabelecer uma relação de confiança e credibilidade, a partir da assinatura de termos (Termo de Consentimento Livre Esclarecido, por exemplo) e da elucidação inicial sobre quaisquer dúvidas dos participantes.

Antes de ir a campo, o pesquisador geralmente organiza a forma pela qual os dados serão registrados. Em um projeto de pesquisa, identificam-se quais tipos de dados serão coletados e como (procedimentos para registrá-los). Pode ser utilizado, por exemplo, um *protocolo/formulário observacional* (para registrar dados de observação), constituído de notas descritivas do cenário físico, dos participantes etc., ou notas reflexivas acerca das considerações do pesquisador. Pode ser usado também um *protocolo de entrevista* (em caso de entrevista), com espaço suficiente para futuros registros do entrevistador. Na entrevista, o conteúdo em geral é registrado por meio de gravador, e, posteriormente, é gerado material textual a partir de sua transcrição. A este respeito, Flick (2009, p. 272) apresenta exemplos e regras para realizar transcrições.

Com relação ao registro de *documentos ou materiais audiovisuais*, em geral, tomam-se notas que possibilitem refletir as informações presentes no documento ou no material selecionado. Observa-se, com relação aos documentos, se as fontes representam material primário (com informações fornecidas diretamente dos participantes) ou secundário (escritos obtidos por terceiros, "relatos de segunda mão").

A título de exemplificação da variedade de possibilidades de coleta em procedimentos qualitativos, pode-se coletar dados a partir de observações do comportamento de pessoas sem questões predeterminadas; da leitura de artigos de jornais; da reunião de cartas/registros pessoais dos participantes; da análise de documentos públicos; de entrevistas estruturadas a partir de tópicos especificamente inseridos no roteiro etc.

Já em pesquisas quantitativas, o instrumento comumente utilizado é o *questionário/survey*. Essa ferramenta pode ser criada especificamente para a pesquisa a ser realizada, modificada/adaptada de outra já desenvolvida ou intacta. Uma vez que podem surgir problemas seja na adaptação ou na aplicação de mensurações já existentes (Bono e McNamara, 2011), é importante conferir questões de validade e amostragem do instrumento. Seja pela adaptação de outros instrumentos ou na construção do próprio questionário, é essencial verificar se a escala foi devidamente validada e, se for o caso, pedir permissão para utilização de material de outro autor. A validade e a confiabilidade (aspectos retomados a seguir neste capítulo) dos escores obtidos pela aplicação anterior do instrumento devem ser consideradas para escolha do instrumento, sendo necessários testes-pilotos (pré-testes) com o questionário, para melhorar a validade do conteúdo e das questões, formato, escalas utilizadas etc. Podem ser coletados também dados quantitativos (numéricos, reunidos em escalas) e qualitativos (em forma de texto, que registram a voz/conteúdo relatado pelos participantes), no caso de pesquisas mistas, por exemplo.

Independentemente da abordagem, a escolha da técnica a ser utilizada está vinculada ao objetivo da pesquisa, sendo necessário especificar o tipo de dado a ser coletado antes de ir a campo. Além disso, é importante justificar detalhadamente as escolhas, seja em abordagens qualitativas, quantitativas ou mistas. No caso de pesquisas quantitativas, pode-se apresentar a quantidade de pessoas que participarão do pré-teste do instrumento e as formas como suas percepções ajudarão a lapidar o questionário, por exemplo. Embora em investigações qualitativas seja comum que emerjam decisões sobre a coleta ao longo do processo, é importante que sejam feitas previsões (embora flexíveis) ou mesmo que seja esclarecido como dados e/ou novas reflexões emergem no decorrer da pesquisa.

Já no que diz respeito às *técnicas de tratamento e análise de dados*, é importante alinhar a escolha delas à questão de pesquisa, à técnica de coleta dos dados e ao tipo de dados.

Em pesquisas quantitativas é essencial que a técnica empregada seja adequada ao tipo de variável (categórica ou numérica), ao nível de mensuração da variável dependente e independente (nominal, ordinal, contínua ou discreta), ao tipo de relação entre as variáveis (dependência ou interdependência) e à natureza da variável (manifesta ou latente). Além disso é preciso garantir que os pressupostos estatísticos da técnica empregada sejam respeitados, a fim de conferir rigor aos resultados. Veja Hair, Black, Babin, Anderson e Tatham (2009) para saber sobre técnicas multivariadas de análise de dados (por exemplo, regressão logística, análise de agrupamento, modelagem de equações estruturais).

Em pesquisas qualitativas, o cuidado com os procedimentos de tratamento e análise e com as fontes de evidência leva a constantes idas e vindas ao material a ser analisado. Nesse processo, também se faz importante o detalhamento e a transparência conferida aos dados. Algumas das principais técnicas de análise de dados são a *análise de conteúdo* — para detalhes veja Bardin (2001) e Franco (2008) — e a *análise do discurso* — veja Pêcheux (2002). Uma importante diferença entre essas formas e as possíveis vertentes é que a análise do discurso trabalha com o sentido (mais profundo, o que há por trás do conteúdo), e a análise de conteúdo, como o próprio nome revela, com o conteúdo do texto em si. Ressalta-se aqui que não existe somente uma linha de análise do discurso, mas inúmeras delas, a exemplo da análise crítica do discurso — veja Fairclough (2005).

Tanto a análise de conteúdo quanto a análise do discurso (bem como outras técnicas de análise) são constituídas de *operações de codificação* e de *categorização*, realizadas de formas variadas, a depender da técnica de análise, do dado a ser codificado etc. Geralmente, os processos de codificação e categorização começam a partir das transcrições dos dados coletados. A leitura prévia do material textual e a identificação de aspectos comuns constituem elementos essenciais nessa fase. A codificação tem por objetivo analisar o conteúdo de textos, além de possibilitar o acesso metódico a partes específicas do texto, tematicamente relacionadas, o que permite a criação de categorias de análise (Gibbs, 2009).

Outro aspecto importante no que tange aos procedimentos de coleta e análise de dados é a *verificação da validade e da confiabilidade*. A validade e a confiabilidade, ao apurar os dados e os padrões para embasar suposições filosóficas, levam a interpretações significativas e confiáveis dos dados e dos resultados/achados de um estudo. Esses aspectos são diferentes de acordo com a abordagem subjacente à pesquisa. Assim, em estudos quantitativos, a *validade* e a *confiabilidade* não apresentam a mesma conotação que em estudos qualitativos.

Em estudos quantitativos, a validade, tomada genericamente, refere-se ao grau pelo qual um teste mede o que de fato deseja medir, e a confiabilidade está relacionada à precisão e à acurácia do procedimento de mensuração (Cattell, 1964). A metáfora de dardos atirados em um alvo é bastante útil para entender esses conceitos. Se os dardos estão próximos uns dos outros, independentemente de terem acertado o alvo, diz-se que há confiabilidade, pois sinalizam ausência de erro aleatório (em outras palavras, chega-se a dados de mesmo valor através de várias medições realizadas de modo idêntico). Por outro lado, se os dardos atingem o alvo, é dito que há validade, pois não há erro de medida (dito de outra forma, as diferenças observadas na medição refletem as verdadeiras diferenças entre as observações).

Há, porém, um verdadeiro mosaico em relação à validade. Por exemplo, validade de conteúdo, de critério, preditiva, da face, de construto, discriminante, convergente etc. Há também uma variedade de testes e de critérios para avaliar a confiabilidade e a(s) validade(s). Ultrapassa os limites deste livro uma discussão exaustiva sobre o tema. Para mais, sugerimos a leitura da conceituação original de validade de Kelly (1927), para o qual validade significa medir o que se pretende, e de Cronbach e Meehl (1955), que endereçaram a validade para o emparelhamento das relações empíricas entre escores de um teste com as relações teóricas da rede nomológica.

Em pesquisas qualitativas, por sua vez, embora se possa utilizar a *confiabilidade* (consistência de respostas) da pesquisa para verificar sua consistência a partir da elaboração de estudos por outros pesquisadores (e de suas *capacidades de generalização*), nessa abordagem, generalização e *confiabilidade* se posicionam secundariamente, enquanto a *validade* é tida como fator primordial para determinar a precisão dos achados e constitui um ponto forte da própria pesquisa. Isso porque a *validade* é utilizada para estabelecer se os resultados são precisos e acurados pela ótica daquela pesquisa que foi conduzida em específico (ou do ponto de vista de seus participantes). Diferentemente de estudos quantitativos, uma pesquisa qualitativa não deve simplesmente apresentar conjuntos de dados e testes estatísticos tidos como padrões adotados e conhecidos pela literatura para atestar a validade e a confiabilidade da pesquisa. Em vez disso, deve-se, para *verificar a credibilidade e a precisão dos achados do estudo*, informar as fontes de dados, as análises e todo o percurso metodológico de forma *detalhada e transparente*.

Comunicar o processo do início do projeto ao seu fim sinaliza a qualidade da pesquisa, a credibilidade da análise e a confiabilidade da teorização. É necessário reportar os resultados de uma investigação com uma completa descrição (*completeness*) — na seção de métodos — das formas de coleta dos dados; da operacionalização dos construtos; dos tipos de análises conduzidas; da clara explicação (*clarity*) do que foi realizado e como; das razões pela qual uma determinada amostra foi escolhida; da definição sintética dos principais construtos anteriormente à descrição das medidas utilizadas para isso; do porquê de uma operacionalização em particular; da justificativa de especificações de modelos e abordagens de análise de dados (*credibility*); de uma descrição dos dados que, ao detalhar o contexto de coleta, não seja genérica, mas específica de determinado contexto com seus elementos centrais, como uma fotografia dos dados. Esses fatores são fundamentais para garantir uma *validade* e *confiabilidade* maior dos dados na própria pesquisa e para que outros pesquisadores possam tentar replicar/reproduzir os detalhes de coleta de dados e, ao realizar esses procedimentos, comparar resultados/achados (Zhang e Shaw, 2012, p. 8).

Ao *apresentar os procedimentos metodológicos a serem adotados* para possibilitar a *replicação* de uma pesquisa quantitativa em um contexto similar, ou para que seja viável a *reprodução* de dados qualitativos a partir de argumentos similares, com as devidas adaptações aos contextos em análise, é preciso dar transparência aos procedimentos e às formas como os dados foram manipulados/interpretados.

Argumenta-se que, com frequência, os autores deixam de explicar claramente o que fizeram ao submeterem suas pesquisas aos periódicos. Tratando-se de um problema recorrente, as preocupações de revisores com as descrições das medidas e linguagens genéricas, tais como "adaptamos itens" ou "utilizamos itens de várias fontes", é possível sanar essas deficiências a partir do simples uso completo de *medidas já validadas*, quando estas estão disponíveis. Quando não é possível acessá-las, é central justificar as modificações ou, ainda, fornecer uma *validação* empírica adicional das alterações (Zhang e Shaw, 2012, p. 8).

Para validar a consistência de um estudo e dos resultados/achados a que se chegou, é necessário *estabelecer formas de controle para possíveis explicações rivais dos resultados*. Em pesquisas quantitativas, a inclusão de variáveis de controle, por exemplo, permite que sejam monitoradas explicações rivais/confrontantes dos resultados. A esse respeito, argumenta-se que é comum, em artigos de periódicos decorrentes de projetos de pesquisa, a inclusão de variáveis de controle sem a suficiente justificativa dos porquês de as variáveis serem controladas. Como, para alguns tipos de dados, as opções possíveis de análise são múltiplas, é essencial justificar por que um método foi utilizado em detrimento de outro (Zhang e Shaw, 2012, p. 10).

Já em pesquisas de cunho qualitativo, a possibilidade de resultados diversos dos esperados não é "controlada" por variáveis, mas justificada a partir do momento em que se dá transparência aos procedimentos metodológicos e às decisões tomadas no decorrer do processo de pesquisa. A transparência é tida como um aspecto fundamental para evidenciar a credibilidade de uma investigação, a partir da apresentação de como os pesquisadores pesquisaram o fenômeno — Bansal e Corley (2011); Aguinis, Hill e Bailey (2019). Neste sentido, uma das consequências mais prejudiciais da falta de transparência e de detalhamento metodológico reside na dificuldade de reproduzir as pesquisas (Aguinis, Hill e Bailey, 2019).

Em pesquisas qualitativas, Creswell (2010, p. 226-227) apresenta oito opções de estratégias para validar os achados, confirmando sua exatidão, a saber: a *triangulação de diferentes fontes de dados*, examinando suas evidências; a *conferência — pelos participantes — de relatórios finais e descrições* de tópicos para que eles determinem se os entendem da forma apresentada; a *descrição densa/rica dos achados*; o *esclarecimento dos vieses* do pesquisador no estudo, retomando a transparência de uma narrativa aberta e honesta por parte do pesquisador com base em suas experiências pessoais; o *resgate de informações contrárias/negativas* e discrepantes detectadas, aumentando a credibilidade do relato para o público; a *imersão no campo* (passar um "tempo prolongado") para se aprofundar no fenômeno a ser estudado, identificando detalhes *in loco* sobre o entorno; *a repercussão/o interrogatório entre pares*, de modo que o pesquisador leve e traga questionamentos de (e para) seus pares; a *auditoria externa*, que se diferencia do interrogador de pares à medida que o auditor é novo para o pesquisador e para o projeto de pesquisa, de modo a avaliar o projeto durante todo o pesquisar ou somente nas considerações finais do estudo.

8.3 Delimitação

A delimitação de alguns aspectos procedimentais permite estabelecer fronteiras e características de como se pretende coletar e analisar dados. Seja em pesquisas qualitativas, quantitativas ou mistas, as delimitações são inerentes ao processo, pois possibilitam restringir o escopo de uma pesquisa.

Algumas formas de delimitação incluem especificar o objeto de investigação conforme sua *unidade de análise*. Identifica-se, assim, quem serão os participantes do estudo (e.g. um número pré-determinado de indivíduos *x*, *y* e *z*; um grupo de pessoas pertencentes a um ramo de atividade, um conjunto de empresas de determinado segmento etc.).

A especificação dos procedimentos e dos aspectos da pesquisa ocorre também pelas *delimitações geográfica e temporal*. Enquanto a identificação do *recorte geográfico* delimita em quais locais/regiões/áreas geográficas a investigação (procedimentos de coleta de dados) ocorrerá, o *recorte temporal* delimita o horizonte de tempo que engloba os dados.

Dessa forma, o recorte *geográfico* pode ser representado por um país, uma unidade federativa, um município, zonas hemisféricas (norte, sul) — no caso de uma ampla pesquisa que abranja um conjunto de pesquisadores, por exemplo — ou por localidades específicas e regiões que incluem alguns municípios por critérios de similaridades ou diferenças, de modo a fazer sentido na pesquisa que se pretende conduzir especificamente.

Já o recorte *temporal* pode incluir dados que foram coletados de determinado período a outro, seja a especificação por mês, ano etc. Por exemplo, os dados podem ter sido coletados entre novembro de 2018 e maio de 2019, seja a coleta feita *in loco* durante imersão na região geográfica especificada (pesquisa de campo) ou por meio de acesso a fontes não presenciais (online, jornais impressos etc.).

Independentemente da *estratégia de investigação* e da abordagem enfocadas, é necessário especificar as *técnicas de amostragem e/ou seleção dos sujeitos*, de modo a indicar as características da população e os procedimentos que levaram a selecionar determinada amostra especificamente, bem como indicar o *tamanho da amostra e/ou do corpus*. Denomina-se de *amostra* uma parte representativa da *população*, caracterizada pela totalidade dos elementos. A amostragem se trata, portanto, do procedimento que possibilita, em pesquisas quantitativas, generalizações a partir de grupos, pois a amostra deve garantir a representatividade da população ou, ainda, do universo, constituído pela totalidade de objetos, animais ou pessoas a serem investigados, seja por possuírem características similares delimitadas para o estudo ou divergentes e, portanto, importantes de serem contrastadas.

Caracterizar a população de um estudo requer incluir também o tamanho dessa população e os meios para identificar os elementos que constituem essa população. Dentro dela, para selecionar uma amostra, surgem limitações relacionadas à disponibilidade do pesquisador para acesso aos potenciais respondentes, a partir de listas publicadas e disponíveis (ou não) em bancos de dados governamentais, por exemplo.

Em abordagens *quantitativas*, há técnicas de amostragem *não probabilísticas* e *probabilísticas*. As não probabilísticas usam processos que não garantem a todos os elementos da população as mesmas chances de serem selecionados e podem ser resumidas por julgamento (o pesquisador usa o seu julgamento para selecionar os membros da população, por

Projeto de Pesquisa – Procedimentos Metodológicos

exemplo, especialistas em determinado assunto) ou por conveniência (o pesquisador seleciona membros da população mais acessíveis).

As probabilísticas, por seu turno, podem ser resumidas em aleatórias simples, pela qual os elementos da amostra são retirados ao acaso da população; estratificada, pela qual a amostra é retirada de forma aleatória de subpopulações (estratos) com tamanhos diferentes, a fim de manter a representatividade da população; e por conglomerados, pelos quais se explora a existência de grupos na população que representem adequadamente a população total em relação à característica que se pretende medir. A diferença entre a amostragem estratificada e a por conglomerados reside no entendimento de estratos definidos por características dos indivíduos (por exemplo, idade) e de conglomerados estabelecidos por características geográficas (por exemplo, bairros).

A respeito do *tamanho da amostra* em pesquisas quantitativas, o número de elementos e os procedimentos utilizados para se chegar a tal quantidade devem ser indicados. O tamanho mínimo da amostra varia de acordo com a técnica de análise de dados, com o nível de significância estatística assumido no estudo, com o tamanho do efeito e com o poder de estatística esperados (Cohen, 1992). É possível definir o tamanho mínimo com o uso de softwares. Recomenda-se, nesse encadeamento, o software gratuito G*Power (Faul, Erdfelder, Lang e Buchner, 2007).

Já em *projetos qualitativos*, as amostras costumam ser por conveniência, *não probabilísticas*, em que os respondentes são escolhidos a partir de aderência ao tópico, disponibilidade, conveniência ou proximidade, não costumando ser empregados procedimentos estatísticos, amostras probabilísticas ou outras ferramentas características da abordagem quantitativa.

Um dos procedimentos utilizados em pesquisas qualitativas trata do que a literatura denomina de "bola de neve", em que os participantes são escolhidos por meio da indicação de outros atores já investigados (observados, entrevistados etc.). À medida que a coleta é iniciada, solicita-se, nesse procedimento, a indicação de novos respondentes, a serem filtrados e utilizados em caso de adequação ao problema de pesquisa e aos seus objetivos. Embora o procedimento de "bola de neve" receba críticas (Godoi e Mattos, 2010), ele é comumente utilizado em pesquisas qualitativas.

No que diz respeito ao tamanho do *corpus* (universo de documentos sobre os quais a análise qualitativa será efetuada), geralmente, ele é delimitado durante o processo, não estando necessariamente pré-definida a quantidade de elementos a serem incluídos em uma coleta de dados qualitativa, emergindo-se frequentemente *a posteriori*. Em estudos qualitativos, embora não se trabalhe com o conceito de amostragem estatística, mas de *amostragem teórica*, é importante estabelecer algum critério para que o trabalho de campo seja encerrado.

Um critério utilizado, em geral, é o de saturação. Essa ferramenta conceitual, frequentemente utilizada em relatórios de investigações qualitativas, indica quando deve ser interrompida a captação de novos componentes — Glaser e Strauss (2006); Flick (2010). Indica que a coleta de dados deverá prosseguir enquanto surjam informações originais consideradas úteis à análise e deverá cessar a partir do momento em que os participantes começarem a apresentar narrativas similares, o que indica uma saturação dos dados obtidos.

Parte-se, portanto, da orientação de que se deve parar de "amostrar" os grupos pertinentes quando não são encontrados dados adicionais pelo pesquisador para que ele desenvolva as propriedades da categoria. O pesquisador se torna "empiricamente confiante" de que uma categoria está saturada ao encontrar dados semelhantes repetidamente, de forma que ele deve se esforçar para buscar grupos que possam ampliar ao máximo a diversidade de dados possíveis, o que respalda que a saturação estará baseada na maior variedade possível de dados da categoria, momento em que o analista, geralmente, descobre que uma lacuna em sua teoria (nas principais categoriais, em especial) está, se não completamente, quase preenchida (Glaser e Strauss, 2006).

Nesta etapa, em que a aquisição de dados se torna redundante, identifica-se que foi atingido um ponto em que novos dados não trazem novos elementos para a compreensão do fenômeno. Supõe-se que, quanto mais tempo no campo, mais dados o pesquisador acumula até o momento da saturação (Godoy, 2010).

Seja em relação à delimitação da unidade de análise, do recorte geográfico, temporal ou, ainda, das técnicas de amostragem/seleção dos sujeitos da pesquisa e do tamanho da amostra/*corpus*, é importante justificar as escolhas. Isso dá maior robustez à pesquisa e permite à audiência visualizar especificamente as condições nas quais a pesquisa se insere.

8.4 Variáveis e/ou termos

Assim como as delimitações de um estudo, existem as *limitações do método* de pesquisas independentemente de a abordagem ser de natureza qualitativa, quantitativa ou mista. As limitações identificam suas possíveis deficiências/pontos fracos. Com frequência, esses pontos aparecem no decorrer do processo de pesquisa. No entanto, ainda na fase do projeto, é possível buscar prever algumas das prováveis limitações ao se conhecer o método que será utilizado na coleta e na análise dos dados, estejam essas deficiências relacionadas à abordagem mista, a tratamentos quantitativos (limitações decorrentes do uso de estatística, por exemplo) ou associadas a discussões qualitativas (em termos de estratégias de pesquisa possíveis de serem utilizadas, tais como *Grounded Theory*).

Dito de outra forma, além dos pontos fracos de uma pesquisa, é importante apresentar as potenciais limitações do método. A partir do momento em que um pesquisador explicita esses pontos, esclarece que tem consciência dessas limitações em relação aos resultados/achados, embora não tenham sido sanadas ainda, pois se trata de um projeto de pesquisa. Refere-se, portanto, à antecipação das possíveis limitações do método que se espera encontrar ao longo do processo de pesquisa. Ao se deparar com tais deficiências, caso seja inviável solucioná-las no decorrer da pesquisa, pode-se sugerir adaptações para pesquisas futuras, a depender da limitação e das estratégias utilizadas. Assim, resguarda-se, em parte, o pesquisador de críticas à pesquisa associadas ao método escolhido em si, uma vez que qualquer pesquisa que também utilizar tal método apresentará limitações similares, tratando-se da escolha do método e das implicações dessa escolha.

As *definições operacionais* específicas detalham como os termos variáveis podem ser identificados, verificados e mensurados. Isso faz com que se aumente a precisão de um projeto de pesquisa. As definições operacionais, em vez de explicar conceitos em si, dizem respeito à aplicação dos termos, relacionando-se à operacionalização da definição constitutiva deles.

As definições operacionais, uma vez que diferem das definições constitutivas, não devem ser redigidas em linguagem conceitual, pelo contrário, espera-se que as definições operacionais sejam elaboradas em um nível específico, operacional ou aplicado, ou seja, de forma não abstrata. Em projetos de pesquisa de teses, por exemplo, é possível ser bastante específico a respeito dos termos utilizados, uma vez que pode existir uma seção específica separada de definições.

Espera-se também que seja utilizada uma linguagem aceita e disponível na literatura de pesquisa.

AO FINAL, QUESTIONE-SE

* Os procedimentos propostos (e.g. coleta de dados, análise de dados, delimitação da pesquisa) são apropriados para o problema de pesquisa e a abordagem teórica do estudo?

DICAS

Lembre-se de atentar para o alinhamento entre os procedimentos metodológicos e o projeto de pesquisa em geral, uma vez que esses procedimentos devem ser condizentes com a problematização como um todo e devem permitir cumprir os objetivos declarados. Por fim, deve-se considerar os fatores *tempo* e *recursos* ao delimitar os procedimentos metodológicos, a fim de evitar que tais fatores se esgotem antes de se concluir o que foi proposto pelo pesquisador.

REFERÊNCIAS

Aguinis, H., Hill, N. S., e Bailey, J. R. (2019). Best practices in data collection and preparation: recommendations for reviewers, editors, and authors. *Organizational Research Methods*. Advance online publication. https://doi.org/10.1177/1094428119836485.

Bansal, P., e Corley, K. (2011). From the editors: The Coming of Age for Qualitative Research: Embracing the Diversity of Qualitative Methods. *Academy of Management Journal, 54*(2), 233–237.

Bansal, P., e Corley, K. (2012). From the editors: Publishing in AMJ—Part 7: What's different about qualitative research? *Academy of Management Journal, 55*(3), 509–513.

Bardin, L. (2001). *Análise de conteúdo*. Lisboa: Edições 70.

Bono, J. E., e McNamara, G. (2011). From the editors: Publishing in AMJ—Part 2: Research design. *Academy of Management Journal.* 54(4), 657–660.

Campbell, D. T., e Stanley, J. C. (1979). *Delineamentos experimentais e quase experimentais de pesquisa*. São Paulo, SP: EPU.

Cattell, R. B. (1964). Validity and reliability: A proposed more basic set of concepts. *Journal of Educational Psychology, 55*(1), 1–22.

Cervo, A. L., e Bervian, P. (1996). *Metodologia científica*. São Paulo, SP: Makron Books.

Cohen. J. (1992). A power primer. *Psychological Bulletin, 112*(1), 155-159.

Creswell, J. W. (2010). *Projeto de pesquisa: métodos qualitativo, quantitativo e misto* (Cap. 9, pp. 206-237). Porto Alegre, RS: Artmed.

Cronbach, L. J., e Meehl, P. (1955). Construct validity in psychological tests. *Psychological Bulletin, 52*(4), 281-302.

Fairclough, N. (2005). *Peripheral vision: Discourse analysis in organization studies: The case for critical realism.* Organization studies, 26(6), 915-939.

Faul, F., Erdfelder, E., Lang, A.-G., e Buchner, A. (2007). G*Power 3: A flexible statistical power analysis program for the social, behavioral, and biomedical sciences. *Behavior Research Methods, 39*(2), 175-191.

Flick, U. (2009). *Introdução à pesquisa qualitativa* (Cap. 22, pp. 265-297). São Paulo, SP: Artmed.

Fowler Jr., F. J. (2011). *Pesquisa de levantamento*. Porto Alegre, RS: Penso.

Franco, M. L. P. B. (2008). *Análise de conteúdo*. Brasília, DF: Liber Livro Editora.

Gibbs, G. (2009). *Análise de dados qualitativos*. Porto Alegre, RS: Artmed.

Glaser, B. G., e Strauss, A. (2006). *The Discovery of Grounded Theory: Strategy for Qualitative Research*. London: Aldine.

Godoi, C. K., e Mattos, P. L. C. L. de. (2010). Entrevista qualitativa: instrumento de pesquisa e evento dialógico. In A. B. Da Silva e C. K. Godoi e R. Bandeira-de-

Mello, *Pesquisa qualitativa em estudos organizacionais: paradigmas, estratégias e métodos* (Cap. 10, pp. 301- 323). São Paulo, SP: Saraiva.

Godoy, A. S. (2010). Estudo de caso qualitativo. In A. B. Da Silva e C. K. Godoi e R. Bandeira-de-Mello. *Pesquisa Qualitativa Em Estudos Organizacionais: Paradigmas, Estratégias E Métodos*, (Cap. 4, pp. 115-146). São Paulo, SP: Saraiva.

Hair, J. F., Black, W. C., Babin, B. J., Anderson, R. E., e Tatham, R. L. (2009). *Análise multivariada de dados*. Porto Alegre, RS: Bookman.

Kelly, E. L. (1927). *Interpretation of educational measurements*. New York, NY: Macmilla.

Pêcheux M. (2002). *O Discurso: estrutura ou acontecimento*. Campinas, SP: Pontes.

Zhang, Y., e Shaw, J. D. (2012). From the editors: Publishing in AMJ—Part 5: Crafting the methods and results. *Academy of Management Journal*. 55(1), 8-12.

SUGESTÕES DE LEITURA

Creswell, J. W. (2010). *Investigação qualitativa e projeto de pesquisa: escolhendo entre cinco abordagens*. Porto Penso, RS: 2014.

Creswell, J. W., e Clark, V. L. P. (2017). *Designing and conducting mixed methods research*. Thousand Oaks, CA: Sage.

Lattin, J., Carroll, J. D., e Green, P. E. (2011). *Análise de dados multivariados*. São Paulo, SP: Cengage.

Exercício

1. Com base no CPP elaborado no exercício do Capítulo 5, na revisão da literatura e a fundamentação teórica elaborada no exercício do Capítulo 6 e na introdução elaborada no exercício do Capítulo 7, escreva os procedimentos metodológicos do seu projeto de pesquisa e faça a autoavaliação proposta no quadro seguinte (download do arquivo de texto do quadro sinótico disponível em https://doi.org/10.13140/RG.2.2.15408.89605).

Projeto de Pesquisa – Procedimentos Metodológicos

PARTES	SUBDIVISÃO	AUTOAVALIAÇÃO[a]	ANOTAÇÕES
Delineamento	Abordagem (i.e., Qualitativa, Quantitativa ou Mista), Estratégia de investigação e Classificação quanto aos objetivos da pesquisa (i.e., Descritiva, Exploratória ou Explicativa)		
	Estratégia de observação (i.e., Transversal, Séries temporárias ou Painel)		
Procedimentos de coleta e análise de dados	Técnicas de coleta de dados		
	Técnicas de tratamento e análise de dados		
	Verificação da validade e confiabilidade dos procedimentos metodológicos empregados, Estabelecimento de formas de controle para possíveis explicações rivais dos resultados e Apresentação dos procedimentos metodológicos a serem adotados de forma que seja possível replicar o estudo em contextos similares com as devidas adaptações		
Delimitação	Objeto de investigação (unidade de análise), Recorte espacial (geográfico) e Recorte temporal		
	Técnicas de amostragem e/ou seleção dos sujeitos e Tamanho da amostra e/ou do corpus		
Variáveis e/ou termos	Limitação do método		
	Definição operacional		

[a] Escala: Insatisfeito, Moderadamente satisfeito, Satisfeito ou Não se aplica.

PARTE 3

CAPÍTULO 9

PROGRAMAS PROFISSIONAIS E OS PRODUTOS TECNOLÓGICOS

Danilo Soares Monte-Mor,
Talles Vianna Brugni e Valcemiro Nossa

Evolução dos programas de mestrado e doutorado profissionais e os Produtos Técnicos/ Tecnológicos (PTT)

As primeiras discussões sobre mestrado profissional no Brasil no âmbito da CAPES iniciaram-se em 1995, especialmente pelo documento "Mestrado no Brasil — A Situação e uma Nova Perspectiva", que deu origem ao "Programa de Flexibilização do Modelo de Pós-Graduação

Senso Estrito em Nível de Mestrado", resultando a Portaria CAPES nº 47, de 17/10/1995 (Machado-da-Silva, 1997). Segundo a CAPES (RBPG, 2005, p. 4) a qualificação acadêmico-científica não era mais suficiente para "também assegurar a formação de pessoal de alta qualificação para atuar nas áreas profissionais, nos institutos tecnológicos e nos laboratórios industriais".

Na área de administração, já existia uma discussão pontual desde 1992, especialmente nos eventos da ANPAD, intensificada a partir de 2016, e fortalecendo-se especialmente após a publicação do artigo "Dissertações Não Acadêmicas em Mestrados Profissionais: Isso é Possível?" (Mattos, 1997).

A regulamentação do mestrado profissional e posteriormente a criação do doutorado profissional foram ocorrendo ao longo do tempo, por meio de uma sequência de portarias emitidas pela CAPES/MEC, conforme sequenciamento apresentado a seguir:

* Em 1995, publicação da Portaria CAPES nº 47, de 17/10/1995, que incentiva e regula a matéria sobre mestrados profissionais;
* Em 1998, a Portaria CAPES nº 80, de 16/12/1998, dispõe sobre o reconhecimento dos mestrados profissionais;
* Em 2009, a Portaria Normativa CAPES nº 7, de 22/06/2009, traz esclarecimentos e amplia as regras dos mestrados profissionais;
* Ainda em 2009, nova Portaria Normativa CAPES nº 17, de 28/12/2009, revoga a Portaria Normativa nº 7 e reedita e corrige as diretrizes vigentes sobre mestrados profissionais;
* Em 2017, o MEC publica a Portaria nº 389, de 23/03/20017, que revoga a Portaria Normativa 17, de 28/12/2019, da CAPES, traz diretrizes sobre o mestrado e doutorado profissionais no âmbito da pós-graduação *stricto sensu* e dá o prazo de 180 dias para a CAPES regulamentar e disciplinar, por meio de portaria, a oferta, a avaliação e o acompanhamento dos programas de mestrado e doutorado profissionais,

considerando a relevância social, científica e tecnológica dos processos de formação profissional de uma forma mais avançada. Neste momento é criada a nova modalidade de doutorado profissional;

* Ainda em 2017, é publicada pela CAPES a Portaria nº 131, de 28/06/2017, que revoga a Portaria 80, regulamentando e disciplinando o mestrado e doutorado profissionais;
* Em 2019, a CAPES publica a Portaria nº 60, de 20/03/2019, revogando a Portaria nº 131, e ratifica diretrizes já existentes e com atualizações de regras para submissão de novos cursos de mestrado e doutorado profissionais.

O mestrado profissional e o doutorado profissional são modalidades de pós-graduação *stricto sensu* que objetivam a capacitação de profissionais por meio do estudo de técnicas, processos ou temáticas que atendam a alguma demanda do mercado, contribuindo assim com as empresas e organizações públicas e privadas, por meio da elevação do nível de competitividade e produtividade (CAPES, 2014).

Como pode-se observar, são cursos de mestrado e doutorado voltados para profissionais de mercado. Neste sentido, os objetivos do mestrado e doutorado profissionais, definidos na Portaria nº 60, de 20/03/2019, são (CAPES, 2019a):

1. capacitar profissionais qualificados para práticas avançadas, inovadoras e transformadoras dos processos de trabalho, visando atender às demandas sociais, econômicas e organizacionais dos diversos setores da economia;
2. transferir conhecimento para a sociedade de forma a atender às demandas sociais e econômicas, com vistas ao desenvolvimento nacional, regional e local;
3. contribuir para agregação de conhecimentos de forma a impulsionar o aumento da produtividade em empresas e organizações públicas e privadas;

4. atentar aos processos e procedimentos de inovação, seja em atividades industriais geradoras de produtos, seja na organização de serviços públicos ou privados;

5. formar doutor com perfil caracterizado pela autonomia e pela capacidade de geração e transferência de tecnologias e conhecimentos inovadores para soluções inéditas de problemas de alta complexidade em seu campo de atuação.

Os três primeiros cursos de mestrado profissional da área de administração pública e de empresas, ciências contábeis e turismo foram aprovados em 1998, mesmo ano em que foram regulamentados pela CAPES. Em 2010, eram 26 cursos, e, em 2021, somaram-se 74 cursos de mestrado profissional. Percebe-se um crescimento maior de implementação desses cursos a partir de 2010. Em relação ao doutorado, os dois primeiros cursos iniciaram em 2019, e, em 2021, 6 cursos estavam em funcionamento.

FIGURA 9.1
Evolução da quantidade de cursos de mestrado e doutorado

A Figura 9.1 apresenta a evolução da quantidade de cursos de mestrado e doutorado profissional nas áreas de administração e contabilidade, desde que foram regulamentados até 2021.

Com a criação dos mestrados profissionais e, posteriormente, dos doutorados profissionais, o grande dilema que vem sendo debatido é exatamente o modelo de pesquisa a ser desenvolvido nesses cursos e especialmente o processo de avaliação (Guarido Filho, e Verschoore, 2020; Mattos, 2020).

Um trabalho importante chamado "Dissertações não-acadêmicas em mestrados profissionais: isso é possível?" traz uma discussão relevante e contribui com algumas características para trabalhos de conclusão de curso em mestrados profissionais em administração, explorando alternativas de estratégia e estrutura para esses trabalhos (Mattos, 1997). Outra contribuição ao debate é trazido por Alperstedt, Feuerschütte, Silva e Faraco (2018), que trazem questões que emergem a partir da reflexão sobre a aplicação da *design research* no contexto da pós-graduação profissional, revelando a necessidade de um grande investimento na pesquisa científica aplicada aos problemas reais.

A Portaria CAPES nº 60 (CAPES, 2019a) determina que os trabalhos de conclusão dos cursos profissionais deverão "atender às demandas da sociedade, alinhadas com o objetivo do programa, utilizando-se o método científico e o estado da arte do conhecimento, seguindo-se os princípios da ética". A mesma portaria indica que o formato do trabalho de conclusão deve constar no regulamento aprovado pelo programa profissional, seguindo as orientações específicas de cada área de conhecimento da CAPES, ou seja, pode existir outro tipo de trabalho de conclusão que pode ser diferente da dissertação ou tese, como um Produto Técnico/Tecnológico.

Um dos desafios enfrentados nos programas de mestrado e doutorado profissionais ainda está no corpo docente que, em sua maioria, veio de programas acadêmicos e com práticas em pesquisas científicas, e os programas profissionais buscam desenvolver pesquisas fundamentadas com aplicação prática direta em soluções de problemas e desafios atuais demandados pelo mercado. Como trata-se de algo novo no meio acadêmico, há necessidade de avanços com diretrizes mais claras e relatos de experiências para que se possa evoluir.

Na Ficha de Avaliação da CAPES para os Programas Profissionais para 2017-2020 (CAPES, 2019b), no que se refere ao quesito Trabalho de Conclusão de Curso, é dada ênfase à "Qualidade e adequação das teses, dissertações ou equivalente em relação às áreas de concentração e linhas de pesquisa do programa". Um dos indicadores que mede esse quesito tem como métrica a "Proporção de teses, dissertações ou equivalente do programa defendidas no quadriênio, ou seja, no período 2017-2020, que gerou produção bibliográfica e/ou tecnológica de egresso", sendo que, para as produções tecnológicas, serão observadas a complexidade, inovação, impacto e aplicabilidade dos produtos desenvolvidos.

Uma das dúvidas expressadas pela comunidade ligada aos programas profissionais está em como desenvolver um Produto Técnico/Tecnológico, considerando que as diretrizes eram evidenciadas de forma muito geral, sem dar especificidades, principalmente nas áreas de administração e contabilidade.

Em 2018, a CAPES constituiu um Grupo de Trabalho (GT) com objetivo principal de desenvolver uma metodologia de avaliação da produção técnica e tecnológica. Ao final, o GT produziu um relatório que evidenciou a caracterização de tipos e subtipos de produtos e processos técnicos e tecnológicos desenvolvidos pelos programas de pós-graduação e uma proposta de método de classificação e indicadores de Produtos Técnicos/Tecnológicos.

O Produto Técnico/Tecnológico foi conceituado pelo GT como um "objeto tangível com elevado grau de novidade, fruto da aplicação de novos conhecimentos científicos, técnicas e expertises desenvolvidas no âmbito da pesquisa na pós-graduação, usados diretamente na solução de problemas de empresas produtoras de bens ou na prestação de serviços à população visando o bem-estar social [...]" (CAPES, 2019c, p. 22).

O Grupo de Trabalho apresentou 21 Produtos Técnicos/Tecnológicos que incluíram as 49 áreas de conhecimento avaliadas pela CAPES e recomendou que cada área adotasse os produtos mais aderentes a ela. A coordenação da área de administração pública e de empresas, ciências contábeis e turismo adotou 12 dos produtos recomendados pelo GT. A seguir são listados esses Produtos Técnicos/Tecnológicos com as respectivas definições apresentadas pelo GT, bem como a ficha de avaliação da área (CAPES, 2019b; 2019c):

* **EMPRESA OU ORGANIZAÇÃO SOCIAL (INOVADORA).** Uma nova empresa ou organização social formada com base em produto, serviço ou processo tecnológico desenvolvido por docentes e/ou discentes no âmbito do programa de pós-graduação. Ex.: *startups*, OSCIPS, associações sem fins lucrativos.

* **PROCESSO/TECNOLOGIA E PRODUTO/MATERIAL NÃO PATENTEÁVEIS.** Produtos e/ou processos tecnológicos que, por impedimentos legais, não apresentam um mecanismo formal de proteção em território brasileiro, incluindo quaisquer ativos de propriedade intelectual. Ex.: novos processos de gestão documentados, novas técnicas de desenvolvimento de lideranças sistematizadas.

* **RELATÓRIO TÉCNICO CONCLUSIVO.** Texto elaborado de maneira concisa, contendo informações sobre o projeto/atividade realizado, desde seu planejamento até as conclusões. Indica em seu conteúdo a relevância dos resultados e conclusão em termos de impacto social e/ou econômico e a aplicação do conhecimento produzido. Ex.: relatórios de consultorias e assessorias técnicas.

* **TECNOLOGIA SOCIAL.** Método, processo ou produto transformador, desenvolvido e/ou aplicado na interação com a população e apropriado por ela, que represente solução para inclusão social e melhoria das condições de vida e que atenda aos requisitos de simplicidade, baixo custo, fácil aplicabilidade e replicabilidade. Ex.: técnicas alternativas de produção, projetos de organizações comunitárias.

- **NORMA OU MARCO REGULATÓRIO.** Diretrizes que regulam o funcionamento do setor público e/ou privado. Tem por finalidade estabelecer regras para sistemas, órgãos, serviços, instituições e empresas, com mecanismos de regulação, compensação e penalidade. Ex.: marco regulatório em educação, energia, saúde, telefonia, internet, transporte, petróleo e gás, organizações da sociedade civil, norma regulamentadora em segurança e saúde no trabalho ou de prevenção de riscos ambientais.
- **PATENTE.** Título de propriedade temporária sobre uma invenção ou modelo de utilidade, outorgado pelo Estado aos inventores ou autores ou outras pessoas físicas ou jurídicas detentoras de direitos sobre a criação. Ex.: patentes de invenção, patentes de modelo de utilidade.
- **PRODUTOS/PROCESSOS EM SIGILO.** Bens físicos/tangíveis obtidos por combinação de ideias que possam ser materializados ou produzidos por um determinado processo de fabricação, destinados ao uso restrito e comprovado por meio de declaração de sigilo. Ex.: novos processos de fabricação documentados, novos processos de gestão empresarial sistematizados.
- **SOFTWARE/APLICATIVO.** Conjunto de instruções ou declarações a serem usadas direta ou indiretamente por um computador, a fim de obter um determinado resultado. Ele é composto por um código-fonte, desenvolvido em alguma linguagem de programação. Ex.: programa de simulação, software de pesquisa operacional, software de gestão, aplicativos educacionais.
- **BASE DE DADOS TÉCNICO-CIENTÍFICA.** Conjunto de arquivos relacionados entre si com registros sobre pessoas, lugares ou coisas. São coleções organizadas de dados que se relacionam de forma a criar algum sentido de informação e dar mais

eficiência durante uma pesquisa ou estudo. Ex.: banco de dados de indicadores gerenciais, acervo de notificações.
* **CURSO PARA FORMAÇÃO PROFISSIONAL.** Conjunto de conteúdos estabelecidos de acordo com as competências requeridas pela formação profissional, em conformidade com os objetivos do programa de pós-graduação. Ex.: formação contínua de profissionais/gestores de organizações públicas e privadas, oferta especial para profissionais vinculados aos projetos de pesquisa.
* **MATERIAL DIDÁTICO.** Produto de apoio/suporte com fins didáticos na mediação de processos de ensino e aprendizagem em diferentes contextos educacionais. Ex.: material impresso como livros didáticos e paradidáticos, coleções e jogos educativos, material audiovisual como fotografias, programas de TV e rádio, material em novas mídias como e-book, plataformas e aplicativos de celular.
* **PRODUTO BIBLIOGRÁFICO NA FORMA DE ARTIGO TÉCNICO/TECNOLÓGICO.** Artigo publicado em revistas voltadas para campos específicos do conhecimento, geralmente relacionadas com o conhecimento tecnológico, mas que apresentam como foco o mercado, diferenciando-se assim das revistas científicas, as quais buscam divulgar o progresso científico. Ex.: publicação em periódicos e seções tecnológicas.

As diretrizes de cada programa profissional de pós-graduação necessitam definir quais Produtos Técnico/Tecnológicos podem ser desenvolvidos ou alinhados com as dissertações ou teses no âmbito do programa.

Projeto de produto tecnológico x científico: entregas e contribuições esperadas

Projeto é projeto, independentemente de ser científico ou tecnológico

Em termos conceituais, o projeto de um produto tecnológico não difere de um projeto de materiais científicos, haja vista que o foco de um projeto de produto tecnológico deve ser o de representar claramente os objetivos do produto a ser desenvolvido, assim como suas fundamentações e os métodos básicos para se chegar ao resultado desejado.

Por outro lado, existem diversos tipos de produtos tecnológicos, e, por esse motivo, não é razoável propor uma padronização rígida para um projeto de produto tecnológico. Nesse sentido, recomenda-se que cada instituição de ensino e/ou pesquisa uniformize, na forma de modelos, os tipos de trabalhos, bem como os projetos, identificando as diferentes formas de produção tecnológica e ajustando seus modelos com o objetivo de encontrar a melhor adequação para cada tipo de produto, a exemplo do que se discute na seção 9.3 deste capítulo.

Portanto, antes de se preocupar com o "como fazer", é imperativo compreender "o que é preciso para se fazer" um projeto de produto tecnológico com qualidade. Leia-se "qualidade" como sendo o atributo que representa "clareza e consistência" para o leitor a respeito de elementos básicos incluídos no projeto. Assim, o projeto deve ser claro na medida em que é objetivo e vai direto ao ponto; e deve ser consistente na medida em que exige, em certo grau, fundamentação teórica para sustentar a linha argumentativa para a sua defesa.

O que fazer antes de começar a escrever um projeto de produto tecnológico

Os passos recomendados aqui devem ser interpretados como etapas de execução a serem realizadas antes de se iniciar a escrita do projeto, como forma de preparação do pesquisador para obtenção de maior domínio da temática. Dessa maneira, o pesquisador consegue atingir um nível adequado de compreensão sobre o que vai ser produzido, de modo a construir um planejamento adequado de pesquisa, na forma de projeto.

Nesse sentido, antes de começar a escrever seu projeto, é mandatório compreender claramente, e de forma ampla, o seu problema de pesquisa, de modo a defini-lo objetivamente. Isso não significa que você deverá explicitá-lo, ou não, no projeto. Lembre-se de que, nesse processo, o modelo é algo que vem depois, dado que podem existir modelos que exigem a declaração expressa do problema de pesquisa no texto e modelos que não exigem.

Tal problema de pesquisa, no caso de produto tecnológico, deve focar um problema real, seja das pessoas, seja das organizações, seja da sociedade, e assim por diante. Dessa forma, o produto tecnológico ganha a característica de "resolução" de um problema vivido por um indivíduo, uma empresa ou uma sociedade.

Nesse prisma, definir seu problema de pesquisa é o ponto mais importante de todo o projeto, pois é a partir dessa etapa que todas as outras são derivadas. Por outro lado, entenda que compreender e definir um problema de pesquisa exige um esforço relevante do pesquisador, fazendo surgir mais duas etapas antes da escrita do seu projeto: revisão de literatura prévia que envolve a temática (literatura científica e técnica) e revisão de conceitos e teorias.

Essas revisões não devem ser confundidas com a escrita de uma possível seção chamada de "Revisão da Literatura" ou "Referencial Teórico" ou "Discussão Técnica" do seu projeto (lembre-se que isso se refere ao "como fazer" e vai depender do tipo de produto tecnológico e do manual interno da sua instituição de ensino/pesquisa). Portanto, o que se propõe aqui é o mapeamento global da literatura existente sobre o tema, antes mesmo de começar a escrever seu projeto, com identificação das principais referências que podem ser utilizadas para suportar o problema de pesquisa previamente levantado quanto às soluções potenciais a serem apresentadas.

Neste momento, o pesquisador ainda não escreveu uma única linha do seu projeto. Contudo, ele já deve dominar a literatura relevante existente sobre a temática, a fim de compreender e conseguir sustentar a relevância do seu problema de pesquisa, bem como os aspectos importantes demandados para um produto tecnológico: impacto, aplicabilidade, inovação e complexidade.

O impacto está relacionado com a capacidade que o produto tem de modificar um ambiente (individual, empresarial, social etc.). Já a aplicabilidade é a característica do produto tecnológico de ser implantado e replicado em outros ambientes. A inovação está associada à intensidade do uso de conhecimentos inéditos, de técnicas inéditas, ou da junção de ambos, para a criação do produto. Por fim, a complexidade deve ser compreendida por meio do grau de interação de atores diferentes para que o projeto seja concretizado. Quanto maior a necessidade de interação entre atores com conhecimentos distintos, mais complexa deve ser a execução do projeto.*

Posteriormente, o pesquisador deve verificar como resolver o seu problema de pesquisa. Para isso, deve-se considerar o tipo de produto tecnológico a ser desenvolvido, conforme discutido na seção 9.1 deste capítulo.

9.2.3. Entregas de um projeto de produto tecnológico

Com o problema de pesquisa definido, o domínio da literatura científica e técnica sobre o assunto e o tipo de produto identificado, surge então o momento de escrever o projeto. Recomenda-se seguir um modelo, que, por sua vez, conforme já comentado, pode variar de instituição para instituição e até mesmo dependendo do tipo de produto tecnológico a ser desenvolvido.

Nesse contexto, existem alguns entregáveis obrigatórios em um projeto de produto tecnológico que independem do modelo institucional e do tipo de produto a ser desenvolvido, a saber:

---

* https://www.gov.br/capes/pt-br/centrais-de-conteudo/10062019-producao-tecnica-pdf

A. Problema/objetivo de pesquisa;

B. Justificativa e relevância;

C. Referencial teórico;

D. Método;

E. Orçamento (se pertinente);

F. Cronograma.

Geralmente o projeto é seccionado em partes que abarcam todos esses itens. Recomenda-se no mínimo três seções para esse fim. A introdução é a primeira seção do seu projeto e deve ter como finalidade:

1. **APRESENTAR O CONTEXTO:** aqui, o foco é descrever o ambiente de maneira sucinta, buscando chegar a um problema específico de determinado ambiente.

2. **DECLARAR O PROBLEMA DE PESQUISA/OBJETIVO:** dado o contexto descrito anteriormente, declara-se o objetivo do trabalho, considerando o problema específico discorrido nos parágrafos anteriores.

3. **DECLARAÇÃO DO MÉTODO:** um parágrafo sinalizando como o problema será resolvido ou como o objetivo será atingido. Lembre-se de fazer isso de maneira coesa e em um único parágrafo, comentando o principal sobre o que será empregado na sua pesquisa. Este parágrafo deve ser coerente com o tipo de produto a ser desenvolvido.

4. **APRESENTAÇÃO DA JUSTIFICATIVA E RELEVÂNCIA:** dado o contexto do ambiente, o problema descrito e o objetivo do trabalho, o pesquisador deve sinalizar o porquê de se desenvolver o produto, ligando os argumentos para trazer à tona a relevância da pesquisa.

Essa é uma ordem sugerida que tende a ser bem aceita na comunidade acadêmica e prática. Por outro lado, é possível reordenar essa escrita de maneira igualmente válida. Uma forma interessante é começar com a declaração do objetivo no primeiro parágrafo, pois, dependendo do leitor-demandante, que pode ser alguém de fora do ambiente acadêmico, esse tipo de escrita pode favorecer a compreensão da leitura, além de "forçar" o pesquisador a ser ainda mais objetivo na sua escrita. Contudo, não existe receita de bolo para a escrita de nenhuma das seções de um projeto.

Posteriormente, seu projeto deve sustentar a seção anterior com material especializado. Contudo, o foco desta seção não deve ser o de revisar a literatura existente, pois isso já deve ter sido realizado pelo pesquisador previamente por via de leitura e, portanto, não é recomendável que se repita algo já existente e massivamente discutido na academia e no mercado. Logo, nesta seção, deve-se apresentar o estado da arte sobre a temática, para além de materiais técnicos que sustentem fundamentalmente o problema descrito na introdução, a fim de fortalecer os argumentos para o leitor de que o problema é relevante, o método é coerente e que já existem estudos científicos e técnicos sobre o tema sendo desenvolvidos, apresentando-se o estágio atual da temática, bem como percepções de mercado, se pertinente, chegando ao ponto central: a necessidade de se resolver o problema discutido.

Na sequência, deve-se apresentar uma breve seção da metodologia. Esta seção não deve ser confundida com a seção de metodologia de um artigo científico, pois, dependendo do tipo de produto tecnológico, o método empregado para resolver o problema proposto pode diferir de maneira sensível dos métodos empregados em pesquisa científica. Por exemplo: é possível existir um problema no ambiente empresarial para o qual atualmente não existe solução, e, nesse contexto, um pesquisador decide criar um software para resolvê-lo. Logo, a seção de metodologia deverá discutir aspectos técnicos da solução proposta, tais como a linguagem de programação a ser utilizada, com justificativas; o banco de dados a ser utilizado, com justificativas; os requisitos mínimos para utilização da solução etc.

Nesse contexto, novamente, cada tipo de produto tecnológico exigirá uma estrutura textual diferente. Por outro lado, você já deve ter percebido que as entregas mínimas tendem a ser as mesmas. Logo, na seção de metodologia, o que não pode faltar são discussões sobre orçamento e cronograma, que também variarão dependendo do tipo de produto, do fomento, se existente, e do prazo para execução do projeto. Por fim, fecha-se com as referências utilizadas.

Estrutura de um Produto Técnico/Tecnológico (PTT)

Após a elaboração do projeto e o desenvolvimento de todas as atividades previstas no cronograma de construção do PTT, recomenda-se que cada produto dê origem a um relatório em formato de memorial descritivo que explicite todo o seu processo de construção, fundamentação e desenvolvimento.

É importante ressaltar que tais produtos devem ser desenvolvidos no âmbito da pesquisa dos programas de pós-graduação e se enquadrar nos doze produtos técnico/tecnológicos estabelecidos pela área 27 da CAPES (administração pública e de empresas, ciências contábeis e turismo), conforme relatório do GT DAV/CAPES, sob pena de não se qualificarem como produtos passíveis de pontuação pelo programa.

Embora os doze tipos de PTTs estabelecidos se materializem por meio de diferentes objetivos e finalidades de aplicação, visando um não distanciamento absoluto da estrutura padrão de dissertações, teses e artigos científicos em geral, recomenda-se que o memorial descritivo do produto estruturalmente contenha:

* **INTRODUÇÃO:** seção que apresenta de forma resumida e coesa a problematização, justificativas, objetivo, escopo, funcionalidades gerais e contribuições/alcance esperados, com justificativas dos cinco quesitos de conceituação de um PTT (aderência, inovação, complexidade, aplicabilidade e impacto);

* **DISCUSSÃO TÉCNICA:** seção que apresenta informações técnico-científicas que explorem o problema e introduzam as informações que fundamentam os meios necessários à sua solução;
* **DESIGN:** descrição do fluxograma do processo de criação do PTT, com especificação dos métodos, recursos, atores e conhecimentos necessários à construção do PTT;
* **DETALHAMENTO DO PRODUTO (MVP):** descrição detalhada das partes do produto, suas funcionalidades, necessidades operacionais, aplicabilidades e alcance. Nesse ponto, sugere-se que o produto já se apresente com o mínimo de viabilidade de aplicação;
* **CONCLUSÃO:** discussão dos cinco quesitos de avaliação de um PTT (aderência, inovação, complexidade, aplicabilidade e impacto), com ênfase mais detalhada aos impactos realizados e esperados do produto.

Entretanto, por se tratar de um relatório orientado tanto ao mercado quanto à academia, é conferida certa flexibilidade à linguagem e ao formato desse manuscrito de forma que se permita ao público-alvo compreender a complexidade e extensão do produto, desde a motivação de sua construção a informações que contemplem tanto seus objetivos, aplicabilidades e alcance, e a procedimentos, processos e demais informações sobre a construção do PTT. A seguir detalha-se cada seção desse memorial descritivo.

Introdução

Recomenda-se que a introdução do memorial descritivo do PTT apresente inicialmente uma discussão objetiva do problema que se pretende resolver. Como um produto tecnológico é um objeto tangível que resolve um problema prático e com aplicações claras, tal problematização deve ser apresentada com argumentos bem definidos que confiram clareza sobre a problematização, o propósito e a entrega/impacto do produto.

Para além da problematização e apresentação do propósito do produto, recomenda-se que a introdução possua respostas objetivas e explícitas das justificativas referentes aos cinco quesitos de avaliação dos PTTs, conforme a seguir:

1. **ADERÊNCIA:** as informações apresentadas devem justificar a afinidade do PTT com a área de concentração do programa, devendo o produto possuir aderência às linhas de atuação dele;
2. **INOVAÇÃO:** devem ser apresentadas informações que evidenciem quais aspectos inovativos se fazem presentes no PTT dentro da perspectiva do tipo de conhecimentos utilizados para a solução do problema, sendo o grau de inovação inversamente proporcional à intensidade de uso de conhecimentos pré-estabelecidos para a criação e desenvolvimento do PTT;
3. **COMPLEXIDADE:** devem ser especificados quais atores e tipos de conhecimento estiveram envolvidos no processo de criação/construção do PTT;
4. **APLICABILIDADE:** devem ser apresentadas informações que permitam ao leitor compreender a extensão e facilidade da empregabilidade e/ou replicabilidade tanto realizada quanto potencial (futura) do PTT, sendo o grau de aplicabilidade relacionado à usabilidade do produto quanto ao seu objetivo e diretamente proporcional à facilidade de uso/replicação;
5. **IMPACTO:** avalia-se a transformação potencial ou realizada no ambiente associado. Nesse caso, tanto os impactos diretos e indiretos realizados quanto as expectativas de transformação do ambiente devem estar bem definidos e especificados.

Diferentemente de artigos científicos, nos quais a fundamentação da introdução deve preferencialmente ser sustentada por artigos classificados nos maiores estratos de qualificação, a fundamentação dos produtos tecnológicos possui critérios menos restritos. Tal fato se justifica na medida em que o problema que o PTT pretende resolver se vincula a pontos práticos específicos e que não necessariamente se originam de investigações e de linhas de argumentação reportadas pela academia. Não significa, entretanto, que a coerência, coesão e referenciação do texto devam ser negligenciados. A linguagem de escrita deve ser clara, objetiva e possuir argumentos fundamentados o suficiente que respaldem a necessidade, alcance e aplicabilidade do produto.

Discussão técnica

A partir da introdução geral do projeto, recomenda-se que seja apresentada na seção subsequente uma discussão com informações técnico-científicas que explorem em maior profundidade o problema e introduzam informações que fundamentem os meios necessários à sua solução. Tais informações podem ser provenientes de fontes variadas, como artigos científicos, artigos tecnológicos, leis, sites governamentais, relatórios técnico-institucionais etc., cujas análises se relacionem ao tema proposto.

Embora seja uma seção mais técnica e com maior liberdade de fundamentação, devemos ressaltar que a objetividade na construção da argumentação também deve ser almejada. Por se tratar de um memorial descritivo do PTT, a seção de discussão técnica deverá estar voltada para a descrição e sustentação do produto e não deve se configurar como um simples resumo do que existe acerca do tema. Nesse caso, argumentações muito extensas, com informações sem a devida conexão, demasiadamente técnicas ou científicas e sem interpretação e contextualização apropriada devem ser evitadas.

De forma mais específica, a Tabela 9.1 apresenta perguntas cujas respostas podem ser apresentadas na seção de discussão técnica de um PTT referente à base de dados técnico-científica, tomada aqui como exemplo. O formato de argumentação proposto visa fundamentar não apenas os itens que conferem inovação ao produto, mas também apresentar detalhes sobre como o produto se posiciona dentro do contexto sob o qual foi originado.

TABELA 9.1
Base de dados técnico-científica

ANALISANDO-SE O CONTEXTO ANTERIOR À CONSTRUÇÃO DO PTT

Quais dados estão disponíveis e em que forma de acesso? Quais plataformas/base de dados se relacionam com a base a ser proposta? Existem pontos que impedem ou dificultam um acesso eficiente dos dados? Quais as limitações de acesso/utilização dos dados? Quais adições/mudanças poderiam ser feitas para conferir maior eficiência no acesso/utilização de tais dados?

ANALISANDO-SE O CONTEXTO DO PTT

Quais são os aspectos inovadores da base de dados a ser proposta? Qual a sustentação técnico-científica para os pontos relacionados a tais aspectos? De que forma a base de dados se relaciona com o problema proposto? Existe alguma restrição de acesso/utilização dos dados? Como se enquadra a base de dados na lei de acesso à informação? A base de dados pode ser replicada ou existem dispositivos legais que não permitem o seu uso/replicação?

A construção da seção de discussão técnica pode ser orientada por perguntas similares em todos os doze produtos técnico/tecnológicos estabelecidos pela área 27. Seja um PTT vinculado a uma empresa ou organização social (inovadora), a uma norma ou marco regulatório, a um software/aplicativo, a um produto bibliográfico na forma de artigo técnico/tecnológico, ou a qualquer um dos demais tipos de produtos, a discussão do contexto anterior à construção do PTT permitirá ao leitor compreender as dificuldades referentes ao problema analisado, bem como a capacidade de aplicabilidade e impacto gerado pelas inovações impostas pelo produto.

Design

A partir da apresentação mais detalhada das características que permeiam o contexto de criação do PTT, bem como informações técnico-

-científicas vinculadas às inovações propostas, recomenda-se que seja apresentada na seção de design uma descrição de dois pontos fundamentais: i) o fluxograma do processo de criação do PTT; ii) especificação dos métodos, recursos, atores e conhecimentos necessários à sua construção.

Por ser uma seção mais metodológica, detalhes práticos e operacionais do desenvolvimento do PTT devem ser apresentados. Por exemplo, em se tratando de um software/aplicativo, recomenda-se que todo o fluxo de informações e processos do produto seja mapeado, de forma que o leitor consiga compreender de que forma o produto fornece a solução do problema proposto. Nesse caso, deve estar claro nesta seção a lógica da solução, a qual poderá fazer uso, por exemplo, da sustentação estrutural do código de programação, da arquitetura do programa, de pacotes essenciais e suas finalidades, de variáveis utilizadas, dos *design patterns* (padrões do projeto) em forma de modelo, visualização e controle, *try/catch* (tratamento de erros) etc.

Em se tratando de uma base de dados técnico-científica, recomenda-se o mapeamento de todas as variáveis fornecidas pela base, com especificação precisa de definições, critérios de mensuração, fontes e referências de todas as *proxies* utilizadas, de forma que o usuário consiga compreender como cada informação da base de dados foi obtida, desde a coleta ao tratamento e disponibilização na base de dados.

Diferentemente de artigos científicos nos quais a seção de metodologia objetiva a apresentação de todos os detalhes que garantam a replicação exata dos resultados do trabalho, o objetivo da seção de design do memorial descritivo do PTT é apontar o processo de construção deste de forma que o leitor compreenda os resultados (e não necessariamente os replique). Tal fato, entretanto, não exime o autor de apresentar informações claras e objetivas sobre a metodologia de construção do PTT. Dúvidas acerca desse processo podem colocar em risco a qualidade de discussões construtivas em torno dos resultados entregues pelo produto, limitando assim o seu alcance e processo de melhorias contínuas.

Detalhamento do produto (MVP)

Nesta seção requer-se que os principais resultados do PTT sejam apresentados com descrição detalhada das partes do produto, suas funcionalidades, necessidades operacionais, aplicabilidades e alcance. Para tanto, é necessário que o produto já se apresente com um mínimo de viabilidade de aplicação.

Alguns produtos como softwares/aplicativos ou processos/tecnologia e produto/material não patenteáveis, por envolverem diferentes fases de construção ou serem desenvolvidos em processos contínuos, poderão ser apresentados em formato de MPV (*Minimum Viable Products*) ou plano de negócios. Tal fato, entretanto, não exime o manuscrito descritivo do PTT de possuir resultados tangíveis ou de apresentar detalhes acerca das partes do produto, seja as que possuem resultados tangíveis ou aquelas em construção.

Neste caso, é imprescindível que fique claro nesta seção a descrição de funcionalidades e *outputs* finais obtidos pelo produto, de forma que o leitor possa compreender a extensão e facilidade da empregabilidade e/ou replicabilidade tanto realizada quanto potencial (futura) do PTT.

Conclusão

Nesta seção requer-se uma discussão dos cinco quesitos de avaliação de um PTT (aderência, inovação, complexidade, aplicabilidade e impacto), com ênfase mais detalhada aos impactos realizados e esperados do produto. Neste caso, além de uma retomada objetiva do problema, tipo de solução apresentado e forma de estruturação lógica da solução, deve ser feita uma defesa consistente da inovação apresentada pelo produto, bem como especificados os impactos tanto realizados quanto esperados do PTT.

Isso porque os produtos técnico/tecnológicos passíveis de análise pela área 27 da CAPES (administração pública e de empresas, ciências contábeis e turismo) devem apresentar elevado grau de novidade, sendo tangíveis e frutos da aplicação de conhecimentos científicos, técnicas e *expertises*, seja em uma perspectiva adaptativa para a solução de velhos/

novos problemas, ou mesmo com soluções que utilizam conhecimentos disruptivos quando comparados aos apresentados pelas soluções tradicionais. Neste caso, pensar não só na apresentação da solução, mas em que pontos o produto inova são de extrema importância.

Além disso, é recomendável a utilização de justificativas e métricas tangíveis para avaliação da transformação realizada ou potencial no ambiente em função do PTT. Nesse caso, tanto os impactos diretos e indiretos realizados quanto as expectativas de transformação do ambiente devem estar bem definidos e especificados.

REFERÊNCIAS

Alperstedt, G. D., Feuerschütte, S. G., Silva, A.B., e Faraco, K. M. S. (2018). A contribuição da *design research* para a produção tecnológica Em mestrados e doutorados profissionais em administração. *Revista Alcance – Eletrônica*, 25(2), 259-273.

CAPES - Coordenação de Aperfeiçoamento de Pessoal de Nível Superior (1995). Portaria nº 47, de 17/10/1995. Recuperado em 02/04/2022 de https://abmes.org.br/legislacoes/detalhe/2184/portaria-capes-n-47.

CAPES - Coordenação de Aperfeiçoamento de Pessoal de Nível Superior (1998). Portaria nº 80, de 16/12/1998. Recuperado em 02/04/2022 de https://abmes.org.br/arquivos/legislacoes/Portaria-Capes-80-1998-12-16.pdf.

CAPES - Coordenação de Aperfeiçoamento de Pessoal de Nível Superior (2009a). Portaria Normativa nº 7, de 22/06/2009. Recuperado em 02/04/2022 de https://abmes.org.br/legislacoes/detalhe/2075/portaria-normativa-n-7.

CAPES - Coordenação de Aperfeiçoamento de Pessoal de Nível Superior (2009b). Portaria Normativa nº 17, de 28/12/2009. Recuperado em 02/04/2022 de https://abmes.org.br/legislacoes/detalhe/2074/portaria-normativa-n-17.

CAPES - Coordenação de Aperfeiçoamento de Pessoal de Nível Superior (2017). Portaria nº 131, de 28/06/2017. Recuperado em 02/04/2022 de https://abmes.org.br/legislacoes/detalhe/2182/portaria-capes-n-131.

CAPES - Coordenação de Aperfeiçoamento de Pessoal de Nível Superior (2019a). Portaria nº 60, de 20/03/2019. Recuperado em 02/04/2022 de https://abmes.org.br/legislacoes/detalhe/2716/portaria-capes-n-60.

CAPES - Coordenação de Aperfeiçoamento de Pessoal de Nível Superior (2014). Mestrado Profissional: o que é? Recuperado em 02/04/2022 de https://www.gov.br/capes/pt-br/acesso-a-informacao/acoes-e-programas/avaliacao/sobre-a-avaliacao/avaliacao-o-que-e/sobre-a-avaliacao-conceitos-processos-e-normas/mestrado-profissional-o-que-e.

CAPES - Coordenação de Aperfeiçoamento de Pessoal de Nível Superior (2019b). Produção Técnica. Grupo de Trabalho. Recuperado em 02/04/2022 de https://www.gov.br/capes/pt-br/centrais-de-conteudo/10062019-producao-tecnica-pdf.

Guarido Filho, E.R. e Verschoore, J. R. (2020). Programas profissionais em administração no Brasil: reflexões sobre o amadurecimento institucional. *International Journal of Business e Marketing, 5*(2), 35-40.

Machado-da-Silva, C. L. (1997). Mestrado profissional. *Revista de Administração Contemporânea, 1*(2), 145-152. https://doi.org/10.1590/S1415-65551997000200008.

Mattos, P. L. (1997). Dissertações não acadêmicas em mestrados profissionais: isso é possível?. *Revista de Administração Contemporânea, 1*(2), 153-171. https://doi.org/10.1590/S1415-65551997000200009.

Mattos, P. L. (2020). Pós-graduação profissional em administração no Brasil: dilemas da vida adulta. *International Journal of Business e Marketing, 5*(2), 6-22.

MEC – Ministério da Educação (2017). Portaria Normativa nº Portaria 389, de 23/03/20017. Recuperado em 02/04/2022 de https://abmes.org.br/legislacoes/detalhe/2073/portaria-mec-n-389.

RBPG, R. (2005). Programa de Flexibilização do Modelo de Pós- Graduação Senso Estrito em Nível de Mestrado – 1995. Revista Brasileira de Pós-Graduação, v. 2, n. 4, 11.

CAPÍTULO 10

ÉTICA APLICADA À PESQUISA SOCIAL

Fagner Carniel e
Bruno Luiz Américo

Apresentação

Os anos de 2020 e 2021 provavelmente serão lembrados como um dos períodos mais trágicos da história da prática científica no Brasil. Ao mesmo tempo em que a gravidade da crise sanitária causada pela pandemia de COVID-19 colocou a atividade biomédica em evidência no debate público, pesquisadores e pesquisadoras das mais diversas áreas do conhecimento tiveram que conviver com um cenário nacional de desorientação e intensos conflitos ideológicos. A estratégia política coordenada para provocar acusações, cortes orçamentários, descrédito, desinformação e incertezas inflamadas pelas próprias posições anticientíficas do então presidente e seus grupos de apoio tomou conta dos noticiários no país (Fonseca *et al.*, 2021).

Em meio ao estabelecimento dessa cultura política da "pós-verdade", promovida pela ascensão de novos radicalismos de direita no Brasil (Solano, 2018), acompanhamos estarrecidos as revelações da Comissão Parlamentar de Inquérito (CPI) que se formou no Senado Federal para apurar ações e omissões do Governo Federal no enfrentamento da pandemia. Entre ministros, deputados, médicos e empresários, o relatório final da CPI solicitou o indiciamento de 77 pessoas, 2 empresas e o próprio presidente da república. Foram atribuídos nove crimes a Jair Bolsonaro: crime de responsabilidade, emprego irregular de verba pública, prevaricação, infração a medidas sanitárias preventivas, epidemia com resultado de morte, incitação ao crime, falsificação de documentos particulares, charlatanismo e crime contra a humanidade — que é tipificado no Estatuto de Roma como ataques generalizados e sistemáticos contra a população civil.

Entre as evidências mais macabras que a CPI da pandemia trouxe à tona naquele momento, estava a acusação de que uma empresa brasileira, operadora de saúde, cometeu crimes de falsidade ideológica, omissão de notificação obrigatória de doença e atentado contra a vida de pacientes. Conforme as conclusões da CPI (Senado Federal, 2021, p. 1287), a Prevent Senior realizou testes clínicos que "foram conduzidos sem autorização dos comitês de ética em pesquisa, transformando os segurados do plano em verdadeiras cobaias humanas". O documento também levou em conta indícios de alteração em declarações de óbito para reduzir as taxas de morbidade nos hospitais da empresa, a perseguição a profissionais de saúde que se recusaram a prescrever tratamentos ineficazes e a recomendação de medicamentos sem eficácia comprovada.

Tratou-se de um caso gravíssimo de transgressão de qualquer protocolo ético que regula a pesquisa com seres humanos no Ocidente moderno desde o Código de Nurembergue — reconhecido como um dos primeiros documentos internacionais de proteção das pessoas que participam de pesquisas científicas. Para impedir que eventos como esse se repitam no futuro, não basta sensibilizar individualmente as pessoas sobre a necessidade de levarmos à sério as dimensões éticas da produção de conhecimentos científicos. É preciso aprender a reconhecer e respeitar os protocolos institucionais que organizam a ética em pesquisa no Brasil. Afinal, como já observou o próprio Supremo Tribunal Federal em 2008, por ocasião da regulamentação de pesquisas com células-tronco embrionárias, a ciência é algo tão sério que não pode ficar somente nas mãos de cientistas (Guilhem e Diniz, 2008).

Para contribuir com a rotinização de informações sobre os protocolos de avaliação e revisão ética na pesquisa social aplicada, este capítulo procura oferecer um panorama geral da ética em pesquisa, para que possamos debater com um pouco mais de cuidado e responsabilidade o modo como pretendemos produzir os conhecimentos acerca dos mundos sociais que nos dispomos a estudar.

Nesse sentido, o próximo tópico do texto recupera eventos históricos que impulsionaram, ao longo do século XX, a criação de marcos regulatórios de proteção das pessoas envolvidas nos estudos científicos. No tópico seguinte, descrevemos a organização geral do Sistema CEP/Conep no Brasil, bem como de seus dispositivos de avaliação e monitoramento ético da prática científica. Em seguida, são apresentados debates contemporâneos que vêm sendo travados no campo de estudos sobre ética aplicada à pesquisa social durante a última década. Por fim, gostaríamos de lançar algumas provocações teórico-metodológicas que, como imaginamos, podem ser úteis para pesquisadores e pesquisadoras que pretendem submeter seus projetos de pesquisa aos Comitês de Ética credenciados no país.

Por que regulamentar a ética em pesquisa?

Reflexões sobre as dimensões éticas da produção de conhecimentos acompanham o pensamento moderno há muitos séculos. Da figura martirizada de Galileu à imagem desumanizada de Frankenstein, passando pela construção do *éthos* iluminista das revoluções burguesas e pelos horrores praticados nas *plantations* coloniais, o imaginário ocidental reservou para si mesmo um lugar especial aos debates sobre ciência e ética em seus projetos civilizacionais (Nosella, 2008). No entanto, a tradução dessa diversidade de concepções teórico-filosóficas em uma noção normativa suficientemente ampla para que pudesse ser aplicada ao conjunto das práticas científicas ao redor do planeta somente pôde se efetivar no bojo da consolidação do que hoje entendemos como uma cultura em direitos humanos.

Um dos marcos mais significativos desse processo ocorreu logo após o final da Segunda Guerra Mundial, quando o primeiro dos doze Tribunais Militares Internacionais julgou os cruéis experimentos com seres humanos praticados por médicos alemães em nome da ciência nazista. Transformados em verdadeiras "cobaias humanas", os prisioneiros retirados dos campos de concentração foram submetidos a testes aterrorizantes, como cirurgias experimentais, castração, remoção de órgãos e membros, infecção induzida, uso de medicamentos experimentais, experimentos termodinâmicos, entre tantos outros (Annas e Grodin, 1992). A principal denúncia daquele julgamento foi a de que as pessoas torturadas e sacrificadas nas pesquisas nazistas estavam em uma situação de extrema vulnerabilidade, sem nenhuma possibilidade de se defender ou de exercer a sua vontade.

A ampla repercussão desses crimes contra a humanidade motivou a elaboração de normas internacionais de controle ético da pesquisa científica com seres humanos. Formulado em 1947, o Código de Nurembergue representou uma tentativa de impor restrições ao caráter utilitarista (Jonas, 2006) ou instrumental (Habermas, 2010) da ciência moderna e assegurar que o tão propalado "progresso" científico não desrespeitasse a dignidade humana e a autonomia da vontade. Desse modo, em seu primeiro artigo, orienta-se que o "consentimento voluntário" das pessoas é absolutamente essencial para a atividade científica, bem como a avaliação rigorosa dos riscos e benefícios sociais implicados na produção de conhecimentos específicos.

Apesar da força política e simbólica do Código de Nurembergue, passaram-se quase duas décadas até que aquelas diretrizes gerais publicadas em 1947 efetivamente começassem a impactar a prática científica — em particular, em um dos campos mais sensíveis da bioética no século XX,

Ética Aplicada à Pesquisa Social

o campo médico. Por ocasião da 18ª Assembleia Médica Mundial, realizada em 1964, na Finlândia, deliberou-se pela ratificação da Declaração de Helsinque. Esse novo documento visou aprofundar os princípios centrais de proteção aos seres humanos que se estabeleceram no contexto do pós-guerra e oferecer dispositivos mais aplicáveis ao desenvolvimento contemporâneo das pesquisas biomédicas. Assim, profundas transformações nas pesquisas clínicas, nas relações entre médico-paciente e na própria organização de protocolos éticos começaram a se constituir no universo científico das décadas de 1970 e 1980.

Nesse movimento, a Declaração de Helsinque sofreu diferentes revisões e alterações que visaram estruturar fortemente os processos de elaboração, avaliação, condução e divulgação das pesquisas a partir de critérios éticos que reforçassem a proteção, o bem-estar e a segurança das pessoas envolvidas nos estudos científicos. A primeira revisão, de 1975, instituiu a necessidade fundamental da criação de dispositivos legais que garantissem o consentimento livre e esclarecido, bem como a formação de redes de comitês nacionais de ética em pesquisa. A última delas ocorreu em 2013, durante a 64ª Assembleia Médica Mundial realizada em Fortaleza. Na ocasião, procurou-se fortalecer protocolos de proteção dos grupos ou pessoas vulneráveis, instituindo mecanismos de compensação por eventuais danos causados e recomendando o envolvimento de lideranças comunitárias como uma garantia adicional aos participantes (Trombert, 2017).

Tais formas de regulamentação da conduta médica e da atividade científica em geral foram impulsionadas pelo reconhecimento de inúmeros casos de abusos de autoridade e descumprimentos de preceitos éticos básicos que vinham sendo recorrentemente identificados em instituições e centros de pesquisa de renome internacional (Beecher, 1966). O Estudo Tuskegge provavelmente é o mais conhecido e debatido no campo da bioética. Entre os anos de 1932 e 1972, esse estudo foi financiado pelo Serviço de Saúde Pública dos Estados Unidos e desenvolvido pelo Instituto Tuskegge, na sede do condado de Macon County, no Alabama, com o objetivo de investigar a história natural da sífilis. Dos quase 600 participantes, todos homens negros, 399 foram selecionados para integrar o grupo de controle e, assim, não receberam tratamento nenhum e sequer foram informados de que se tratava de uma pesquisa médica — mesmo já existindo amplo consenso médico em torno da eficácia do tratamento à base de penicilina ao menos desde 1947.

O estudo foi encerrado em 1972 com a imensa repercussão de uma denúncia veiculada pelo jornal *The New York Times*. Durante os 40 anos de investigação, estima-se que 128 participantes faleceram ou tiveram severas complicações causadas pela sífilis, 40 mulheres foram infectadas e 19 crianças nasceram com sífilis congênita (Lima *et al.*, 2021). Desde então, o caso foi reconhecido como uma expressão trágica da cumplicidade de certas práticas científicas modernas com a perpetuação de diferentes formas de racismo, rebaixamento social, violência e desumanização, inclusive em sociedades que se autoproclamam justas e democráticas (Howell, 2017). A seriedade dessas evidências impulsionou a criação, em 1974, da Comissão Nacional para a Proteção de Seres Humanos de Pesquisa Biomédica e Comportamental, para desenvolver diretrizes de controle e instituir uma rede de comitês de ética em pesquisa com seres humanos no Estados Unidos.

Evidentemente, a constituição de normas nacionais e internacionais de regulação ética da produção científica não deixou de provocar profundas controvérsias na vida acadêmica contemporânea. O próprio privilégio conferido à biomedicina sobre todas as outras áreas de conhecimento, em particular no campo dos experimentos clínicos ou terapêuticos, é um sintoma dos limites e dificuldades teórico-metodológicas presentes na formulação de protocolos de pesquisa suficientemente plásticos e aplicáveis ao conjunto do universo científico (Diniz, 2008). No entanto, recuperar os principais fios que compõem a trama da história ocidental da institucionalização da ética em pesquisa no século XX é uma maneira de compreender alguns dos motivos pelos quais os atuais dispositivos de controle dos riscos potenciais implicados nas práticas de pesquisa acabaram convertendo a atividade científica em uma questão pública que exige cada vez mais atenção e envolvimento de todos os setores da sociedade.

O Sistema CEP/Conep no Brasil

O atual sistema de regulamentação ética da atividade científica brasileira foi desenvolvido por meio da atuação de uma equipe multiprofissional, vinculada ao Conselho Nacional de Saúde (CNS), que foi formada em 1995 para construir um marco institucional capaz de englobar o conjunto das pesquisas desenvolvidas no país. Assim, no período de um ano foram realizadas diversas audiências públicas, consultas à comunidade acadêmica e revisões de legislações vigentes com a finalidade de elaborar novas diretrizes e normas para a proteção das pessoas que participam de pesquisas produzidas em todas as áreas do conhecimento.

O resultado desse trabalho levou à promulgação da Resolução CNS 196/96. Esse documento instituiu a Comissão Nacional de Ética em Pesquisa (Conep), sediada no próprio CNS, para atuar em articulação com uma ampla rede de Comitês de Ética em Pesquisa (CEP), que viriam a se credenciar de modo descentralizado por todo o território nacional. No interior desse desenho organizacional, a Conep foi idealizada para ser a instância máxima de regulação e de análise das pesquisas de alta complexidade – a exemplo das que envolvem genética, biossegurança, reprodução humana, populações indígenas ou pesquisas de cooperação internacional. Por sua vez, a rede dos CEP regionais, que já contava com mais de 863 Comitês credenciados em 2021, funciona como uma espécie de "porta de entrada" para qualquer projeto de pesquisa que envolva seres humanos, mas se responsabiliza por revisar efetivamente aqueles que são considerados de baixa ou média complexidade.

Diversas outras resoluções, normas ou documentos foram publicados com a finalidade de orientar aspectos específicos da Resolução CNS 196/96.* No entanto, seus princípios gerais ainda permanecem os mesmos — em especial no que diz respeito à afirmação do compromisso científico com o reconhecimento e a valorização dos direitos humanos. Assim, noções de dignidade e de autonomia são consideradas obrigações centrais para a avaliação ética. Elas se materializam, por exemplo,

---

* O conjunto de normativas vigentes sobre ética em pesquisa podem ser acessadas na página oficial do Conselho Nacional de Saúde: http://conselho.saude.gov.br/comissoes-cns/conep/.

na própria exigência do Termo de Consentimento Livre e Esclarecido (TCLE), um documento fundamental para a organização da revisão ética das pesquisas produzidas no Brasil. O TCLE representa um dos principais instrumentos pelos quais é possível informar da maneira mais clara e acessível aos potenciais participantes das pesquisas (ou a seus representantes legais) sobre os objetivos e procedimentos da pesquisa, como serão tratados os riscos e benefícios implicados em cada estudo, bem como assegurar que a sua vontade de contribuir com a pesquisa está sendo respeitada por meio de manifestação expressa.

Nesse sentido, as noções de risco e de vulnerabilidade também se tornaram extremamente relevantes para a operacionalização desse sistema de revisão ética. O pressuposto é o de que a atividade científica envolve algum grau de risco aos participantes, pois um estudo qualquer sempre pode, mesmo que de maneira involuntária, provocar efeitos imprevistos que gerem danos à integridade física, psíquica, moral, intelectual, social ou cultural de participantes. Por isso, espera-se que quem conduza a pesquisa comprometa-se com a integridade e o bem-estar das pessoas que se voluntariam — e costumam ser a parte mais frágil e sujeita às incertezas presentes na produção de conhecimentos. Assim, exige-se que pesquisadores e pesquisadoras expliquem quais são os riscos presentes em cada etapa do estudo, por que eles são necessários, o que será realizado para minimizá-los e que se responsabilizem por evitar ou reduzir ao máximo eventuais prejuízos causados.

Algumas pessoas ou grupos sociais enfrentam riscos mais elevados e sensíveis do que outros por conta de sua situação de vulnerabilidade; ou seja, por se encontrarem em uma situação social, política, econômica, cultural ou psicológica em que suas capacidades de tomar decisões estejam reduzidas. Trata-se de uma compreensão importante para a regulação dos desafios éticos da prática científica no Brasil, sobretudo porque incorpora as desigualdades sociais como uma dimensão constitutiva da produção de novos conhecimentos e valoriza princípios de justiça, equidade e respeito à dignidade humana na avaliação dos projetos de pesquisa.

Desde 2011, todo o processo de revisão ética dos protocolos de pesquisa no Brasil foi informatizado para dar conta do imenso volume de documentos e informações movimentadas no interior do Sistema CEP/Conep em uma única plataforma digital. Essa mudança, que culminaria na criação da Plataforma Brasil, visa oportunizar maior eficiência e transparência para a atividade científica, oferecendo formas de acesso e controle social sobre as pesquisas desenvolvidas no país. Desse modo, qualquer pesquisador ou pesquisadora que pretende realizar um estudo envolvendo seres humanos em território nacional deverá acessar a Plataforma Brasil para cadastrar seu projeto antes de iniciar a coleta de dados.* Com base nesse cadastro, o CEP realizará uma avaliação, para emitir pareceres sobre as possíveis implicações éticas das escolhas metodológicas adotadas e sua adequação aos princípios estabelecidos pelo CNS.

Apesar da enorme relevância política e pedagógica do Sistema CEP/Conep no monitoramento e na responsabilização social da prática científica brasileira, nem todas as pesquisas que envolvem seres humanos devem ser registradas e avaliadas. A Resolução CNS 510/16, que dispõe sobre as normas aplicáveis a pesquisas em ciências humanas e sociais, informa que alguns tipos de estudo deixam de ser revisados pelo sistema, tais como: pesquisas de opinião com participantes não identificados, investigações que utilizam informações de domínio público ou agregadas, trabalhos que analisam dados censitários ou de outros bancos de dados, revisões de literatura, estudos que mobilizam informações decorrentes de atividade profissional ou atividades que possuem um intuito exclusivamente educacional. Em cada um desses casos, o Sistema CEP/Conep recomenda que o protocolo de pesquisa não seja submetido à avaliação, mas desde que os princípios de confidencialidade e privacidade sejam respeitados.

---

* Para conferir os documentos e procedimentos necessários ao seu cadastro na Plataforma Brasil, verifique o *Manual do Pesquisador*: http://conselho.saude.gov.br/plataforma-brasil-conep?view=default.

De qualquer modo, ainda que algumas das pesquisas em ciências humanas e sociais não dependam da avaliação do Sistema CEP/Conep para se desenvolverem, parece evidente que a rotinização de debates especializados sobre as dimensões éticas do trabalho de investigação tem transformado as relações entre ciência e sociedade. Por um lado, pode-se dizer que as responsabilidades éticas converteram a cultura dos direitos humanos em um marco incontornável para a estruturação das mais diversas agendas de pesquisa praticadas no país. Por outro, temos presenciado a revisão crítica de critérios modernos de cientificidade que foram hipervalorizados pela tradição ocidental, como os de neutralidade e objetividade.

Tais mudanças no modo como nos relacionamos com a atividade científica talvez seja um sintoma do momento histórico em que nos encontramos. Afinal, vivemos uma época em que a própria sobrevivência de nossa espécie parece depender da compreensão de que "nossos mundos foram e seguem sendo forjados a partir de relações plurais e contraditórias entre humanos diversos e naturezas mal conhecidas" (Rapchan e Carniel, 2021, p. 168).

Desafios da ética aplicada à pesquisa social

Como procuramos apresentar nos tópicos anteriores, o atual modelo de regulamentação da ética em pesquisa que foi implementado no Brasil durante a década de 1990 é tributário de um amplo processo de transformação política e intelectual no campo da bioética que acompanhou a ascensão global dos direitos humanos. Esse movimento foi empreendido contra casos de abuso de autoridade, desumanização e violência praticados por cientistas no decorrer do século XX (Kottow, 2008), levando à rotinização de diretrizes internacionais de proteção das pessoas envolvidas em pesquisas. Nesse percurso, a emergência de regimes nacionais de governança científica nos centros de pesquisa que concentram os maiores recursos econômicos e acadêmicos condicionou um processo mundial de renovação dos modos de produção de conhecimentos especializados e a implementação de diretrizes transnacionais de boas práticas para a condução das investigações (Den Hoonaard, 2011).

As mudanças nas maneiras de se fazer ciência que foram fomentadas pelas novas obrigações éticas que passariam a ser exigidas de pesquisadores e pesquisadoras das mais diversas áreas do conhecimento acabaram posicionando a categoria como um parâmetro universalmente aplicável e tido como benéfico a todas as sociedades (Bell e Kothiyal, 2018). No entanto, tal perspectiva universalista tem gerado novas tensões políticas e controvérsias epistemológicas em torno dos efeitos indiretos da adoção de protocolos éticos em áreas ou disciplinas que costumam estruturar seus projetos de pesquisa a partir de princípios locais e em diálogo com a multiplicidade de situações vivenciadas pelos grupos ou pessoas investigadas (Haraway, 2009). Por isso mesmo, neste tópico pretendemos chamar a atenção para alguns dos debates éticos que estão sendo travados nos territórios epistêmicos das ciências humanas e sociais aplicadas, em particular na área de administração e estudos organizacionais.

O primeiro deles diz respeito à urgência em criarmos mecanismos de controle e equilíbrio sobre as próprias relações de poder que possibilitam a realização dos estudos (Ibarra-Colado, 2006). Trata-se, portanto, de um tipo de atitude reflexiva e crítica diante das condições objetivas de realização dos projetos científicos e da circulação social de ideias. Um gesto que não visa oferecer somente transparência a respeito dos compromissos ou dos financiamentos assumidos pelas pesquisas, mas reconhecer a existência de inúmeras assimetrias, desigualdades e interesses que atravessam todas as etapas de uma investigação e aprender a lidar com essas distorções de formas socialmente mais justas e engajadas que pudermos. Afinal, se aceitarmos a ideia de que a regulamentação ética das pesquisas representa uma tentativa de estabelecer dispositivos de controle social sobre a ciência e responsabilidade com a dignidade humana, então talvez devêssemos nos indagar com mais seriedade: para que ou a quem interessa a produção de determinado conhecimento?

Um exemplo cada vez mais recorrente dos potenciais conflitos éticos implicados na organização desigual das práticas de cooperação científica para elaboração de pesquisas sociais está no aumento do volume de estudos financiados por países ricos e realizados em países pobres (Prasad, 2012). Nesses casos, não é incomum observar a reprodução, muitas vezes naturalizada, de relações de exploração, dominação ou rebaixamento social por meio da imposição de valores, perspectivas, normas ou interesses por parte dos atores sediados nos centros de pesquisa com maior capital e influência. Além disso, as dinâmicas recentes da globalização capitalista da ciência e a expansão de modelos empresariais de educação também têm pressionado quem participa desses estudos multicêntricos a publicarem os resultados de seus trabalhos em revistas internacionais (Alcadipani e Caldas, 2012). Consequentemente, pesquisadores e pesquisadoras de países periferizados se veem constrangidos a desvalorizar princípios éticos que podem ser contextualmente relevantes para suas investigações em favor dos códigos éticos abstratos e universalistas que foram desenvolvidos no norte global.

Um segundo dilema da ética aplicada que queremos destacar está na maneira pela qual nos relacionamos com as pessoas que decidimos investigar durante a realização de estudos qualitativos. Isso porque alguns dos princípios que regulam a proteção de seres humanos em pesquisas sociais, como o consentimento informado, a confidencialidade e o anonimato, nem sempre conseguem contemplar a diversidade de situações vivenciadas no curso de um trabalho de campo (Ciuk, Koning e Kostera, 2018). Principalmente quando aquilo que se entende por obrigações morais não detém um significado universal, coerente ou estável, mas se revela como algo processual, situado, contingente e diverso dos ideais hegemônicos de bem viver (Taylor, 2015; Contu, 2020). Portanto, mesmo após o período de revisão dos projetos e das negociações para se obter acesso ao campo, parece importante não deixar de problematizar: como nossa presença — com tudo aquilo que ela pode representar em termos de pertencimento social (Cunliffe, 2003), classe, gênero, sexualidade e raça (Brown-Saracino, 2014) — está afetando a vida das pessoas que estamos analisando e quais são os compromissos substantivos que estabelecemos com a melhoria de suas condições de existência no cotidiano da pesquisa?

Atuando em áreas para as quais "objetos" de análise também são "sujeitos" sociais com os quais cientistas se relacionam intensamente, é habitual que se ultrapasse a aplicação formal de protocolos éticos para assumir éticas de cuidado que valorizam a presença, a ajuda mútua e o diálogo horizontal com interlocutores e interlocutoras (Adhariani, Sciulli e Clift, 2017), permitindo que nossas investigações extrapolem as vistas instrumentais e transacionais de acesso em favor de outras mais relacionais (Cunliffe e Alcadipani, 2016). Essas experiências vivenciadas *em* campo e *com* as pessoas ou populações investigadas detêm o potencial de transformar os rumos da pesquisa, bem como a própria pessoa que a conduz (Gherardi, 2019). Nesse sentido, levar à sério as pessoas ou populações que decidimos estudar significa abrir-se a um movimento de (trans)formação que oferece caminhos para que possamos aprender, desaprender e reaprender juntos a pensar o mundo e o conhecimento a partir de pontos de vista, das práticas e dos valores que são produzidos *em* campo — e não *antes* ou *depois* dele (Blee, 2007; Corlett e Mavin, 2018). Trata-se de uma forma de renovar os debates sobre ética em pesquisa, para que o trabalho em campo possa efetivamente representar uma ampliação valorativa do mundo e ensejar horizontes mais justos e inclusivos.*

Outra questão controversa que vem desafiando a imaginação e a prática nos domínios da pesquisa social diz respeito às dimensões públicas da atividade científica. O debate ético em torno do caráter público das investigações — um pressuposto para qualquer iniciativa de controle social dos riscos humanos que envolvem a realização dessas pesquisas — apresenta-se desde o momento da concepção dos projetos, passando pela coleta e curadoria dos dados, até chegarmos à etapa de divulgação de seus resultados (Tranfield *et al.*, 2003). O que exige reflexões

---

* É importante notar que as práticas e valores produzidos em campo devem assumir este espaço como fluído, sem demarcações pré-definidas nas quais entramos, saímos e voltamos em busca de dados (Buchanan *et al.*, 1988). Mesmo que cientistas de campos não tenham criado ou coletado os dados de pesquisa diretamente com seus ou suas interlocutoras, podem coletar ou construir dados a partir de documentos disponíveis publicamente, em ambientes online (Whiting e Pritchard, 2018), por meio de blogs (Richards, 2012) ou usando qualquer outra rede social (Salmons, 2016).

aprofundadas sobre as possibilidades e os limites de se produzir estudos abertos ao conjunto da sociedade, sensíveis ao diálogo multidisciplinar e comprometidos com as diferentes formas de circulação e recepção de seus achados (Martins, 2020). O problema é que sempre costuma ser muito difícil antecipar quais serão as virtuais audiências que poderão se interessar por um estudo em particular. Nesse sentido, aprender a construir, comunicar-se e se relacionar com diferentes grupos sociais parece ser um tema incontornável para o futuro da ética em pesquisas sociais.

Preocupar-se em desenvolver estratégias de escrita para alcançar audiências cada vez mais amplas certamente é uma tarefa necessária no universo científico contemporâneo, ainda mais quando reconhecemos que os textos são as principais maneiras de comunicar aquilo que foi investigado (Myers, 2018). Contudo, antes mesmo de refletir sobre como podemos nos comunicar com públicos diversos daqueles que estamos acostumados a nos relacionar em nossas áreas e disciplinas acadêmicas, talvez seja preciso desconstruir a própria ideia homogeneizante e harmônica de sociedade. Isso porque cada pesquisa acaba se relacionando com diferentes grupos sociais que, inclusive, podem ocupar posições antagônicas e disputar legitimidade política para suas visões de mundo (Pullen e Rhodes, 2015). Desse modo, as obrigações éticas não se encerram com a finalização de um estudo, mas se reapresentam como uma espécie de compromisso com os debates públicos que poderão se desdobrar dele.

Com isso não queremos sugerir que pesquisadores e pesquisadoras devam ser responsabilizados pelas incontáveis maneiras pelas quais suas pesquisas poderão circular socialmente. Desejamos apenas que as ciências humanas e sociais aplicadas sigam se engajando com suas audiências e possam aproveitar para que eventuais conflitos de interesse se tornem um momento de aprendizado mútuo. Quem sabe assim, no lugar de levar o conhecimento científico até a sociedade, sejamos suficientemente hábeis para trazer cada vez mais pessoas, coletivos e instituições para perto da ciência que praticamos e compartilhar com esses atores a responsabilidade de construir outros horizontes éticos.

Considerações finais ou você já submeteu seu projeto ao Comitê de Ética?

A intenção deste capítulo não foi a de esgotar os debates em torno da ética em pesquisa no campo das ciências humanas e sociais aplicadas. Nosso objetivo foi apenas o de recuperar um pouco da história da criação de protocolos éticos no Ocidente moderno e apresentar como funciona o atual Sistema CEP/Conep no Brasil. A partir desta contextualização, procuramos destacar alguns dos desafios que a revisão ética da pesquisa social tem suscitado nos anos recentes, em particular aqueles relacionados com as formas de cooperação e financiamento multicêntrico, ao modo como nos relacionamos com as pessoas que participam das pesquisas que realizamos e as dimensões públicas da atividade científica. Assim, esperamos que este texto represente um gesto inicial em direção a compreensão da relevância de se levar a sério a ética na ciência e a rotinização de informações úteis acerca do seu funcionamento no Brasil.

Antes de concluir este debate, propomos um breve exercício reflexivo que visa contribuir para a preparação de futuros projetos de pesquisa social para a sua submissão aos Comitês de Ética no país:

* o projeto apresenta e justifica todos os riscos e os benefícios potenciais implicados na pesquisa?
* o projeto estabelece procedimentos teórico-metodológicos para evitar, minimizar ou até mesmo compensar eventuais danos causados pela pesquisa?
* o projeto segue os protocolos de ética em pesquisa estabelecidos pelo CEP local?
* o participante leu e entendeu as informações sobre o projeto?
* o participante teve a oportunidade de fazer perguntas?
* o participante concorda voluntariamente em participar do projeto?
* o participante entende que pode desistir a qualquer momento sem justificativa e sem penalidade?

* explicam-se os procedimentos relativos à confidencialidade (uso de nomes, pseudônimos, anonimização de dados etc.)?
* foram elaborados termos de consentimento separados por entrevista, áudio, vídeo ou outras formas de coleta de dados?
* o projeto prevê o consentimento informado de lideranças comunitárias como um elemento adicional de controle ético?
* o uso dos dados em pesquisas, publicações, compartilhamento e arquivamento são explicados aos participantes?
* a totalidade dos dados obtidos pode ser amplamente publicada e divulgada?
* os benefícios sociais da pesquisa justificam os riscos implicados na coleta e divulgação dos resultados?

REFERÊNCIAS

Adhariani, Desi; Sciulli, Nick; Clift, Robert Sciulli. (2017). *Financial Management and Corporate Governance from the Feminist Ethics of Care Perspective*. London: Palgrave Macmillan.

Alcadipani, Rafael; Caldas, Miguel P. (2012). Americanizing Brazilian management. *Critical Perspectives on International Business*, 8(1): 37–55.

Annas, George J.; Grodin, Michael A. (1992). *The Nazi doctors and the Nuremberg Code: human rights in human experimentation*. New York: Oxford University Press.

Beecher, Henry. (1966). Ethics and clinical research. *NEJM*, 274(24): 1354-1360.

Bell, Emma; Kothiyal, Nivedita. (2018). "Ethics Creep from the Core to the Periphery". In: Catherine Cassell, Ann L. Cunliffe and Gina Grandy (Eds.). *Qualitative Business and Management Research Methods*. Los Angeles: SAGE Publications Ltd.

Blee, Kathleen M. (2007). Ethnographies of the far right. *Journal of contemporary ethnography*, 36(2): 119-128.

Brown-Saracino, Japonica. (2014). From methodological stumbles to substantive insights: Gaining ethnographic access in queer communities. *Qualitative sociology*, 37(1): 43-68.

Buchanan, David; Boddy, David; McCalman, James (1988). Getting in, getting on, getting out, and getting back. In Alan Bryman (Ed.). *Doing research in organizations*. (p. 53–67). London: Routledge.

Ciuk, Sylwia; Koning, Juliette; Kostera, Monika. (2018). "Organizational Ethnographies". In: Catherine Cassell, Ann L. Cunliffe and Gina Grandy (Eds.). *Qualitative Business and Management Research Methods*. Los Angeles: SAGE.

Senado Federal. (2021). *Comissão Parlamentar de Inquérito da Pandemia: relatório final – atualizado em 26 de outubro de 2021*. Brasília, DF. Recuprado em 08 abr. 2022 em https://legis.senado.leg.br/sdleg-getter/documento/download/fc73ab53-3220-4779-850c-f53408ecd592

Contu, Alessia. (2020). Answering the crisis with intellectual activism: Making a difference as business schools scholars. *Human Relations*, 73(5): 737-757.

Corlett, Sandra; Mavin, Sharon. (2018). "Reflexivity and Researcher Positionality". In: Catherine Cassell, Ann L. Cunliffe and Gina Grandy (Eds.). Qualitative Business and Management Research Methods. Los Angeles: SAGE Publications Ltd.

Cunliffe, Ann L. (2003). Reflexive inquiry in organizational research: Questions and possibilities. *Human relations*, 56(8): 983-1003.

Cunliffe, Ann L.; Alcadipani, Rafael. (2016). The politics of access in fieldwork: Immersion, backstage dramas, and deception. *Organizational research methods*, 19(4): 535-561.

Den Hoonaard, Will C. Van. (2011). *The Seduction of Ethics: Transforming the Social Sciences*. Toronto, ON: University of Toronto Press.

Diniz, Debora. (2008). Ética na pesquisa em ciências humanas: novos desafios. *Ciência e Saúde Coletiva*, 13(2): 417-426.

Fonseca, Elize Massard da; Nattrass, Nicoli; Lazaro, Lira Luz Benites; Bastos, Francisco Inácio. (2021). Political discourse, denialism and leadership failure in Brazil's response to COVID-19. *Global Public Health*, 16(8-9): 1251-1266.

Gherardi, Silvia. (2019). Theorizing affective ethnography for organization studies. *Organization*, 26(6), 741–760.

Guilhem, Dirce; Diniz, Debora. (2008). *O que é ética em pesquisa*. São Paulo: Ed. Brasiliense.

Habermas, Jürgen. (2010). *O Futuro da Natureza Humana: A caminho de uma eugenia liberal?* São Paulo: Marins Fontes.

Haraway, Donna. (2009). *Saberes localizados: a questão da ciência para o feminismo e o privilégio da perspectiva parcial*. Cadernos Pagu, 5(1), 7–41.

Howell, Joel. (2017). Race and U.S. medical experimentation: the case of Tuskegee. *Cad. Saúde Pública*, 33(1): e001680162017.

Ibarra-Colado, Eduardo. (2006). Organization Studies and Epistemic Coloniality in Latin America: Thinking Otherness from the Margins. *Organization*, 13(4), 463–488.

Jonas, Hans. (2006). *O princípio responsabilidade: ensaio de uma ética para a civilização tecnológica*. Rio de Janeiro: Contraponto.

Kottow, Miguel. (2008). História da ética em pesquisa com seres humanos. *R. Eletr. de Com. Inf. Inov. Saúde*, 2(1): 7-18.

Lima, Dartel Ferrari; Lima, Lohran Anguera; Christofoletti, João Fernando; Malacarne, Vilmar. (2021). A ética e o controle social em pesquisa científica no Brasil. *Revista Colombiana de Bioética*, 16(1): e3039.

Martins, Henrique Castro. (2020). A importância da Ciência Aberta (Open Science) na pesquisa em Administração. *Revista de Administração Contemporânea*, 24(1): 1-2.

Myers, Michael D. (2018). "Writing for Different Audiences". In: Catherine Cassell, Ann L. Cunliffe and Gina Grandy (Eds.). *Qualitative Business and Management Research Methods*. Los Angeles: SAGE Publications Ltd.

Nosella, Paolo. (2008). Ética e pesquisa. *Educação e Sociedade*, 29(102): 255-273.

Prasad, Anshuman. (2012). *Against the Grain: Advances in Postcolonial Organization Studies*. Copenhagen, Denmark: Copenhagen Business School Press DK.

Pullen, Alison; Rhodes, Carl. (2015). Ethics, embodiment and organizations. *Organization*, 22(2), 159–165.

Rapchan, Eliane Sebeika; Carniel, Fagner. (2021). Como compor com um vírus!? Reflexões sobre os *animal studies* no tempo das pandemias. *Horizontes Antropológicos*, 27(59): 165-181.

Richards, James (2012). What has the internet ever done for employees? A review, map and research agenda. *Employee Relations*, 34(1): 22-43.

Salmons, Janet E. (2016). *Doing qualitative research online*. London: SAGE Publications.

Solano, Esther. (2018). *O ódio como política: a reinvenção das direitas no Brasil*. São Paulo: Boitempo.

Taylor, Rebecca. (2015). Beyond anonymity: Temporality and the production of knowledge in a qualitative longitudinal study. *International Journal of Social Research Methodology*, 18(3): 281-292.

Tranfield, David; Denyer, David; Smart, Palminder. (2003). Toward a methodology for developing evidence-informed management knowledge by means of systematic review. *British Journal of Management*, 14(3): 207–222.

Trombert, Alejandro Raúl. (2017). La Declaración de Helsinki de Fortaleza (Brasil) 2013: avances, retrocesos y retos pendientes. *Revista Binacional Brasil-Argentina: Diálogo entre as Ciências*, 4(1): 207-229.

Whiting, Rebecca; Pritchard, Katrina (2018). Digital Ethics. In Catherine Cassell, Ann L. Cunliffe, e Gina Grandy (Eds.). *The SAGE handbook of qualitative business and management research methods*. (p. 562-579). London: SAGE Publications.

CAPÍTULO 11

ESCRITA CIENTÍFICA: UMA ABORDAGEM COMPORTAMENTAL

Joelma De Riz

Quando observamos como se passa nosso dia a dia e comparamos essa dinâmica com o que acontecia há alguns anos, damo-nos conta do quanto o ritmo da vida tem sido radicalmente modificado. Essas mudanças advêm, sobretudo, da criação de uma variada gama de recursos de comunicação. Apesar de muitas mudanças em termos de tecnologias e mídias, a linguagem da ciência é a escrita. É assim que a comunidade científica comunica o resultado dos estudos que realiza. É assim no mundo, é assim no Brasil.

Essa forma de comunicação não se alterou nem mesmo com a remotização pela qual passamos na pandemia. Ainda que as aulas tenham sido online, inclusive nos mestrados, a forma como apresentamos ou defendemos nossos trabalhos é oral, seguida de entrega de um documento escrito. A linguagem escrita não foi substituída pelos *reels* ou pelos *stories*, embora seja inegável que esses formatos possam ser nossos aliados na divulgação científica.

Isso dito, se você decide fazer um trabalho científico, qualquer que seja o nível (graduação, especialização, mestrado ou doutorado), a escrita é uma das ferramentas mais importantes para que essa tarefa seja concluída. Neste ensaio, todavia, não me proponho a tratar a escrita do ponto de vista das tais normas cultas da língua, ou seja, nem da ortografia nem da sintaxe. Certamente eu estaria sendo pretensiosa se dissesse que uma pessoa que passou mais de uma década estudando língua portuguesa, mas ainda se sente em dificuldade para usá-la. Vai por mim, você tem como aprender esses assuntos estudando uma boa gramática.

Neste texto, a abordagem leva em conta variáveis comportamentais que afetam o modo como as pessoas lidam com a leitura e a escrita científicas e com a própria ciência. Meu argumento é que há uma série de atitudes as quais pessoas que precisam escrever um texto científico costumam ter e que, ainda que elas não se deem conta, vivem os prejuízos de sua inconsciência. Se é assim, vamos a elas, então.

"Viva a ciência!" Mas a quem ela serve mesmo?

A primeira atitude sobre a qual quero pôr foco é a compreensão que temos sobre a ciência. Nisso, é fundamental reconhecermos como a ciência aparece para a população em geral. Com o surgimento do novo coronavírus e das vacinas, lemos e ouvimos, sobretudo em postagens nas redes sociais, a frase "viva a ciência!" Além disso, muitos cientistas que fazem o excelente papel de divulgadores científicos estiveram em voga por falarem sobre o que ainda estamos vivendo nessa pandemia. No entanto, antes disso, a maioria de nós estava distante das discussões sobre a importância da ciência, ainda que ela perpasse a nossa vida cotidianamente.

Em outras palavras, estamos falando da fragilidade de uma cultura científica e da alfabetização científica que reverbera em ideias equivocadas sobre o que é ciência. Em função disso, é muito comum que as pessoas que estão prestes a fazer um trabalho de conclusão de curso ou mestrado pensem que qualquer coisa cabe em um estudo científico. Por vezes, o equívoco já começa no ponto de partida, centrado em experiências de cunho muito pessoal. Veja, não é que as nossas experiências não sejam importantes e não possam ser cientificamente estudadas. Embora constituindo um conhecimento obtido por vias pouco sistematizadas, sem preocupação com rigor e um pouco mais permissivo com equívocos, o senso comum é importante para a ciência.

Por outro lado, é preciso entendermos que a ciência é um projeto da coletividade humana. Alguém certamente já nos fez a gentileza de empenhar um tempo de sua existência para estudar o tema no qual o nosso problema está circunscrito. Quando me dediquei a estudar autonomia na aprendizagem, seria ingênuo pensar que "oh, sou a primeira a pensar nisso!" Não fui a primeira e não fui a última, porque ciência também é continuidade.

Assim, nosso ponto de partida deve incluir nossos interesses pessoais, mas eles precisam estar combinados aos resultados que a literatura já divulgou sobre o que vamos estudar. Do contrário, seremos apenas "cientistas", ingênuos e nos vendo como centro do mundo. Mas, no mundo, muita gente já caminhou bastante antes de nós e pode nos ajudar a elucidar a pergunta que queremos responder com nossa pesquisa.

Também, por isso, não é possível pensar que vamos sair falando qualquer coisa que se passe na nossa cabeça, sem que isso encontre fundamento. Reitero: embora nossa cabeça seja muito relevante para o planejamento, desenvolvimento e conclusão de uma pesquisa científica, quando atuamos de forma isolada, sem acesso a outros estudos, podemos até falar coisas bacanas, mas são informações pouco ou nada relevantes do ponto de vista científico, porque ignoramos que um dos requisitos para fazer ciência é ter como amparo a própria ciência.

O acesso à literatura, que se dá quando você constrói um capítulo denominado revisão da literatura, amplia o seu repertório, o que também é fator de influência na escrita. Você já se imaginou em uma roda de conversa em que não entende sobre o assunto que as pessoas estão falando? Ali não será um lugar confortável, pois, se não entender do que se fala, sua participação na conversa ficará limitada. Na escrita de um trabalho científico, também é assim. Você não escreve se nada sabe sobre o assunto.

Então, pergunte-se: até que ponto eu sei o que a ciência já estudou sobre esse tema no qual se situa o problema de pesquisa a que quero responder? Se puser na cabeça que vai fazer seu trabalho com uma literatura pobre, antiga, de 1900 e bolinha, você terá problemas pela frente. Em várias instâncias: primeiro, na banca; segundo, que seu trabalho dificilmente será aceito por revistas científicas de relevância. E elas estão bem exigentes quanto à atualização da literatura utilizada no embasamento de um estudo científico.

Não confunda "ingredientes" com o "modo de fazer"

Quando você decide fazer um bolo, precisa saber a função do ovo, do leite e de muitos outros ingredientes. Precisa saber que se puser o fermento e ficar minutos batendo a massa, não terá bolo para tomar café. Na ciência, é a mesma coisa. O texto científico é um gênero. Como tal, há momentos adequados para dizer cada coisa. É muito comum que, ao ignorar a existência dessa ordem, o autor do texto fale a mesma coisa uma dezena de vezes sem necessidade.

O texto científico tem repetições. Por exemplo, é plausível e importante que o objetivo da pesquisa apareça na introdução, no início da seção que informa os procedimentos metodológicos, bem como no comecinho das conclusões ou considerações finais. Nenhum problema nisso.

Mas lemos textos que, muito antes de apresentar e analisar os dados, já estão destacando conclusões, sem que qualquer fundamento tenha sido apresentado para sustentar a interpretação. E, por vezes, esse adiantamento infundado acontece em todos os capítulos do trabalho, quando, na verdade, as conclusões têm lugar apropriado para aparecer.

Nesse repeteco sem fim, podemos parecer um carro agarrado no atoleiro: o texto não avança nas informações, está sempre falando a mesma coisa, sem apresentar evoluções ao longo do trabalho. Resultado: leitor cansado. E aí vamos ao próximo ponto.

A leitura é um processo cerebral

Se a leitura é tarefa que exige do seu cérebro, é preciso que, ao escrever, você ofereça um certo conforto a quem lê seu texto. Isso é uma questão de generosidade. Não causa boa sensação um texto ser desorganizado, sem ideias concatenadas ou, na linguagem popular, que "não fala lé com cré". Antes de escrever seu texto, planeje como vai organizá-lo. Nisso, tenha em mente a sequência do gênero científico, que você pode aprender lendo bons manuais de metodologia científica.

Pensemos, por exemplo, no capítulo da revisão da literatura, a qual, em alguns programas de pós-graduação, é considerada como sinônimo de referencial teórico — visão não incorreta, mas diferente da que tenho quando lido com as ciências humanas —, serve para que você apresente o que tem sido descoberto a respeito do tema ao qual você se dedica. Busque organizar os tópicos de forma mais ampla, afunilando-os para que, lá no fim do capítulo, seu texto aborde coisas mais específicas, que tenham mais a ver com a sua pergunta de pesquisa.

Ao escrever a revisão, é muito comum a pessoa criar um primeiro tópico, trazer informações específicas sobre dado aspecto, falar extensivamente sobre ele e, mais adiante, trazer um tópico sobre o mesmo aspecto, como se estivesse fazendo isso pela primeira vez. Ora! Mas você já não falou disso lá atrás? Por que trazer isso novamente, como se fosse novidade, sendo que já foi bastante explorado? Se isso acontece, é porque a estrutura do texto carece de reorganização.

Então, antes de entregar seu texto ao orientador, seja generoso e verifique a lógica desse texto. Escritores muito produtivos e cuja obra ainda encanta milhares de leitores não se opuseram a fazer isso. Pelo contrário, revisar o que escreviam era um hábito. Popova (2012) recupera a rotina de Simone de Beauvoir, Maya Angelou e Ernest Hemingway. Veja o que eles falaram sobre o processo de revisão do que escreviam.

Quando o trabalho está indo bem, de manhã, fico de 15 a 30 minutos lendo o que escrevi no dia anterior e faço ajustes, continuando daí.

Simone de Beauvoir

Faço meu jantar e até uso velas e toco boa música quando tenho convidados. Depois de lavar os pratos, leio o que escrevi naquela manhã. Mas, geralmente, se escrevi nove páginas, apenas cerca de um terço se salva. É a parte mais cruel: admitir que o que escrevi não está bom...

Maya Angelou

Escrevo até chegar a um ponto em que ainda vejo minha essência e tenha noção de como as coisas vão se desenrolar na retomada. Depois disso, tento viver até o próximo dia. É quando volto a isso.

Ernest Hemingway

Esses relatos ajudam a desmistificar que a facilidade com a escrita é apenas consequência de talento, porque, veja você, esses autores estabelecem, a seu modo, processos de autocrítica. Além disso, suas obras, ao serem submetidas a editoras pleiteando publicação, também foram criticadas por outros profissionais, leitores com alto nível de qualificação. O próprio Einstein, um dos cientistas mais brilhantes de todos os tempos, fez uma solicitação curiosa quando contratado pelo Institute for Advanced Study (Princeton, Nova Jersey), nos anos 1930: entre os poucos itens, ele incluiu um cesto de lixo de tamanho generoso, pois precisava ter onde jogar fora os seus erros (Llorente, 2020).

Não submeter o texto a um olhar criterioso, o seu ou de outra pessoa, pode levá-lo a um resultado pouco interessante: você corre o risco de seu texto ser abandonado pelo leitor, por cansaço. Mas isso não ocorre sem que, antes, o leitor lhe achincalhe — às vezes, só mentalmente; noutras, as críticas são verbalizadas mesmo. Essa verbalização está prevista inclusive oficialmente, quando o trabalho é submetido à banca. Nenhum professor tem condições de exercer a função de orientador se o texto não apresenta uma característica *sine qua non* para ser apreciado: qualidade na escrita. "Ah, mas eu tenho dificuldade para escrever!" Dê seus pulos.

Se nas aulas de Língua Portuguesa o apontamento de equívocos era mal visto, como se o professor estivesse criticando você, e não o texto, é muito provável que haja desânimo para aprender a escrever. Aqui, deixo bem explícito que você é uma coisa, e sua habilidade de escrever (boa ou deficiente) é outra. Então, se você entende que tem dificuldades, evite fazer de conta que elas não existem, pois é inevitável que você tenha que entregar seu trabalho escrito.

Se você conseguiu chegar ao ponto que chegou na sua trajetória acadêmica, culpar os outros pelas suas deficiências não ajuda; pelo contrário, tende a gerar conflitos. Reconheça suas dificuldades e peça ajuda a quem pode lhe auxiliar a desenvolver os recursos de que você precisa. Mas jamais reivindique que alguém passe a mão sobre sua cabeça porque eventos passados lhe ocorreram. Nisso, é importante falarmos sobre como vemos o orientador.

Orientador não é revisor de língua portuguesa

Uma dificuldade importante quando se faz um trabalho científico diz respeito ao papel do orientador. Duas coisas que, a meu ver, são relacionadas de forma equivocada: porque a escrita é uma habilidade fundamental para quem faz um trabalho científico, quem precisa fazer um trabalho científico acredita que o orientador será quem vai corrigir o seu trabalho do ponto de vista da língua. Não vai. Esse não é papel dele.

O orientador não é especialista em texto; é especialista em um campo de estudo. E precisa que você entregue a ele um texto em condições de ser analisado do ponto de vista das discussões que estão ocorrendo nesse campo. Estudei processos psicossociais da aprendizagem quando fiz mestrado e, portanto, precisava me apresentar a Jaime Doxsey, meu orientador, em condições de discutir esses processos, verbalmente ou de forma escrita. Sem um texto com qualidade, meu orientador não avançaria.

Se você sente que não está avançando, isso não é exclusividade sua. Em 2015, o Índice Nacional de Alfabetismo revelou que 48% dos graduados eram analfabetos funcionais. Em 2018, dentre os que ingressaram ou concluíram o ensino superior, 96% eram considerados funcionalmente alfabetizados. Um índice alto, mas o problema é que apenas 34% alcançaram o nível proficiente (Lima e Catelli, 2018). Assim, quase dois terços tinham fraca compreensão em leitura.

Os Parâmetros Curriculares Nacionais (Ministério da Educação, 1997, p. 41) definem que "Um leitor competente é alguém que, por iniciativa própria, é capaz de selecionar, dentre os trechos que circulam socialmente, aqueles que podem atender a uma necessidade sua, que consegue utilizar estratégias de leitura adequadas para abordá-los de forma a atender a essa necessidade". Assim, quem tem boa habilidade de leitura é capaz de opinar sobre posições defendidas pelo autor do texto lido, atribuir significado e criar novos conceitos ou novos conhecimentos a partir do que lê.

De Oliveira (2011) observa que aos alunos do ensino superior faltam dois pontos essenciais à leitura e interpretação: a metacompreensão e a metacognição. A primeira é a habilidade que permite que a pessoa perceba que não compreendeu algo. Às vezes, ao revisar um texto, leio parágrafos que até estão corretos do ponto de vista da estrutura das frases e da ortografia. Todavia, o conteúdo está distorcendo, no todo ou em parte, a ideia do autor que está sendo citado. Nessas horas, o mais sensato é recomendar o retorno ao texto original, para que a pessoa consiga compreender que o que escreveu é incoerente com o que está lá. Se o texto é publicado com a distorção das ideias, com razão, pode vir a ser alvo de críticas...

A metacognição, por sua vez, diz respeito ao conhecimento sobre o processo de compreender (De Oliveira, 2011). Durante a leitura, é ela que permite ao leitor regular seu próprio pensamento, fazer analogias do que está lendo com algo que leu em outro momento, com uma situação, com um contexto já conhecido. Para elaborar mentalmente o que está lendo, a pessoa precisa da metacognição; é ela que ajuda a monitorar e regular o comportamento do leitor.

Sem essas duas habilidades, um orientando não tem conhecimento sobre a própria dificuldade, não consegue criticar o que está lendo, não consegue julgar o conteúdo lido com mais distanciamento, buscando ler as entrelinhas para identificar incoerências no discurso. Também terá dificuldades de identificar em um texto o que é relevante. Por isso, acaba lendo um artigo e dizendo: "mas não sei nem o que aproveitar, pois tudo parece importante!" Sem construir conhecimento, age como se fosse um robô treinado para usar códigos escritos: ou seja, ficará limitado a repetir trechos, sem condições de fazer inferências, trazê-las para o próprio texto, como também parece difícil que consiga construir argumentos.

Quando a metacognição e a metacompreensão estão carentes, é comum que a pessoa recorra ao chamado "festival de citações". Sem muito critério, ela insere uma citação no texto e, em seguida, começa a apresentar outro dado que nada tem a ver com ela. Não há, no texto, uma conversa com o conteúdo da citação... As dificuldades são tão grandes, que uma pergunta comum feita por pessoas que querem fazer mestrado é: "mas tem que ler muito?"

Por que você foge da "salvação"?

De vez em quando, pessoas que estão prestes a começar a fazer um trabalho científico me perguntam se vão precisar ler muito. Frente à ojeriza ou medo que algumas sentem em relação à leitura, lembro de uma frase de Caetano Veloso no documentário *Narciso em Férias*, ao narrar sua solidão e o desejo de ter livros quando estava na prisão, durante a Ditadura Militar: "ler é uma espécie de salvação" (Terra e Calil, 2020). E o hábito de leitura se constrói.

A leitura, como vimos, é uma atividade que exige do nosso cérebro. Mas ela é um hábito. É muito frequente que, ao ser ensinado sobre como ler um texto científico e entendê-lo, a pessoa passa a sentir o prazer de ler. Por quê? Devo relembrar que aquilo que distingue a espécie humana das demais espécies de animais é a possibilidade de produzir o conhecimento e de intervir intencionalmente no mundo. Quando sentimos isso, há uma sensação de prazer.

Lembro-me de uma cena que presenciei na biblioteca de uma escola de ensino médio. Havia um grupo de alunos tentando aprender equações de 2º grau. Um deles, pacientemente e por algumas vezes, explicou como resolvê-las, até que, em dado momento, em êxtase, um deles começa a gritar: "Aprendi! Aprendi! Aprendi!" — eu nem pediria silêncio, dada a beleza da cena. Essa sensação, talvez com menos estardalhaço, também afeta aqueles que já passaram da adolescência. Porque, em qualquer fase da nossa existência, a capacidade de aprender e de termos nova compreensão sobre processos e fenômenos sempre vai nos acompanhar. E, aqui, lembro da máxima de Maturana (2002): aprender e viver são coisas que se confundem.

Procrastinar é inerente à nossa espécie

Muitas pessoas que precisam fazer um trabalho científico já pensam na "defesa", quando seria importante que elas pensassem sobre horários em que rendem mais ao estudar, organização da rotina de sono e alimentação — que parecem nada ter a ver com estudo, mas têm grande interferência sobre ele. Sem isso, elas entram em um estado de acentuada procrastinação. Há quem afirme ser possível nos livrarmos disso. Minha visão, entretanto, é formada a partir de estudos da psicologia que defendem que procrastinar tem origem na nossa própria evolução (De Santi, 2020). Vejamos.

Pensemos que, nos primórdios da história humana, tudo de que precisávamos era perambular de um canto para o outro em busca de alimento. A agricultura ainda não havia sido descoberta, então, apenas esse básico era necessário, uma necessidade imediata, controlada pelo nosso sistema límbico, que também pode ser chamado de "cérebro primitivo". Não havia planejamento: os grupos nômades chegavam a um local, coletavam o que havia para comer e, acabando os alimentos da área, precisavam continuar sua peregrinação até que nova área fosse descoberta, sem certeza de que isso ocorreria.

Hoje, no entanto, temos relativa noção do que pode acontecer em algumas situações. Sabemos que é preciso planejar nossa carreira, para que a vida não fique tão difícil, sobretudo na velhice. Entendemos que ingressar no mestrado pode ser uma estratégia interessante para melhorá-la e que é preciso preparo para ser aprovado e para concluí-lo. Entramos no doutorado sabendo que mais ou menos quatro anos à frente vamos concluí-lo se entregarmos um trabalho científico de boa qualidade. Logo, tal como a vida contemporânea se organiza, usamos mais nosso córtex pré-frontal, que é o que nos ajuda a pensar no futuro e nos faz ter a noção de que é preciso aprender a planejar.

Todavia, ainda que nosso "cérebro capaz de pensar no futuro" viva em constante conflito com nosso "cérebro primitivo", podemos minimizar a procrastinação a um ponto em que, segundo nossa avaliação, não tenhamos tantos prejuízos. Muitos ainda precisam avançar nesse quesito e sofrem consequências. Quando veem, estão faltando dois meses para o prazo final da entrega do trabalho. Nisso, passam a deixar de dormir, de comer, como se essas condições fossem as mais adequadas para aprender algo. Fatalmente, essas atitudes se refletem na qualidade dos trabalhos, mas, sobretudo, na própria saúde. Como me disse um professor orientador de mestrado e doutorado dia desses, "é terrível ler texto de quem não dorme". Sim, é um caos. Isso nos convida a pensar em foco e prioridade.

Até que ponto concluir o trabalho é prioridade mesmo?

Lidando com mestrandos e doutorandos há alguns anos, estive diante de várias pessoas que afirmavam categoricamente que terminar suas teses ou dissertações era prioridade. Todavia, quando nos púnhamos juntas a analisar como estava estabelecida sua rotina para que isso ocorresse, víamos um comportamento em oposição direta ao que elas desejavam. Contraditoriamente, é mais comum do que imaginamos que alguns que desejam muito terminar de escrever suas teses ou dissertações não tenham conseguido eliminar de suas agendas tarefas que possam ceder lugar a um processo que eu só defino como "simples, fácil e rápido" se estiver explícito para quem vai fazê-lo como é que se deve fazê-lo.

E isso depende de inúmeras habilidades: já vimos que é preciso ser um bom leitor, escrever bem, ter organização, conhecer o gênero científico. Você pode estar se dando conta de que tem dificuldade em algumas ou em todas essas áreas. Mesmo assim, como frisei, se escolher que vai buscar ajuda para minimizá-las, sim, o processo vai se tornar mais fácil, prazeroso, você começa a se sentir mais satisfeito ao perceber que está aprendendo, pois sente que está avançando. Há um aspecto, todavia, que vem antes disso tudo: terminar seu trabalho é, de verdade, uma prioridade?

Minha sugestão é que você olhe para si frente ao espelho e se faça essa indagação com honestidade, pois é isso que vai lhe permitir avaliar o que está impedindo de, realmente, dar prioridade à conclusão do trabalho. Muitas vezes, você afirma que é motivado e, na verdade, sente-se desconfortável com a ideia de desistir. Na nossa cultura, desistência é sinônimo de fracasso — é possível que você já tenha lido aquela frase que é a essência da positividade tóxica: "se estiver com medo, vai com medo mesmo". Outro motivo é o pavor de ser mal avaliado.

A avaliação também não é um momento confortável, pela mesma razão. Culturalmente, ser avaliado tem o significado de "estão falando de mim", e não "estão vendo a qualidade de um trabalho que apresentei", porque somos cobrados por perfeição e julgados quando nossos resultados são diferentes do que socialmente era esperado. Aprendemos a confundir o que somos com o que fazemos, e isso nos impede até de reconhecer que podemos melhorar. E podemos, porque, lembra Paulo Freire (1996), somos seres inacabados, havendo sempre por ser feito de novas maneiras, havendo sempre coisas distintas a fazer. E esse é um processo que nos acompanha ao longo de toda a vida.

Quando confundimos que a avaliação do nosso trabalho é uma avaliação sobre nós, vem o medo, e passamos a repetir, feito um robô, que, sim, terminar o trabalho é prioridade. Isso, todavia, só se torna verdade à medida que você analisa sua agenda, considerando, inclusive, momentos de cuidado de higiene e alimentação — escovar os dentes, tomar banho e lanchar levam tempo curto, mas, quando tudo é somado, vemos que algumas horas se vão com isso.

Como é preciso comer e é bom ficar limpinho, também é bom avaliar qual entre suas demais atividades pode ser reduzida por um tempo ou até eliminada, se for o caso. Um aspecto importante, além disso, é destacar para quais tarefas você precisa de ajuda. No caso de mulheres, isso é especialmente importante, visto que, na nossa cultura, ainda somos as responsáveis principais pelo cuidado com os filhos e com atividades domésticas. Pense que o título de mestre ou doutora traz benefícios não só para você, mas, direta ou indiretamente, também para os demais do seu núcleo familiar.

Aqui, uma observação: não espere que as pessoas se movam para lhe ajudar, pois isso também altera a rotina de cada uma, o que é sempre desconfortável. Antes, tenha a iniciativa, você mesma, de expor a elas as condições que a elaboração de um trabalho científico requer. Se é preciso dedicar tempo, você precisará da colaboração delas e agradece por isso. Ao observar que as coisas não funcionam como esperava, não tenha medo de relembrar a elas suas necessidades e do quão importante é que elas o auxiliem para que você conclua a sua jornada.

Se nada sai da sua agenda para que entrem as atividades relacionadas à dissertação ou tese, tenha certeza de que você está escolhendo se tornar uma pessoa esgotada, sem energia para pesquisar. O resultado tende a ser um trabalho mal feito, sujeito a críticas severas. Inicialmente, elas vêm do orientador; depois, dos demais componentes da banca examinadora; e, por fim, de toda uma rede de cientistas interessados na sua pesquisa.

Aprendemos descansando

Se você não tem costume de realizar uma tarefa, tende a sentir dificuldade de dimensionar o tempo para concluí-la. Você nem sabe que vai ser difícil. Então, faltando dois meses para a entrega do trabalho à banca, você, no ápice da ilusão, diz a si mesmo: "vou revisar três artigos por dia, em duas semanas termino a revisão, mais 10 dias e eu escrevo o método, em três semanas analiso os dados, escrevo a conclusão em uma tarde e envio o texto para o revisor faltando 3 dias. Tudo certo! Vai dar tempo!"

O que eu posso lhe dizer é que, além de saber que o processo é mais trabalhoso do que o devaneio no parágrafo anterior e que o tempo é a matéria-prima do trabalho de revisores sérios, você também precisa entender que nosso cérebro tem duas formas de aprender: o modo focado e o modo difuso ou em descanso. Essas formas são amplamente discutidas por Oakley *et al.* (2019). O modo focado, segundo eles, é aquele em que o nosso cérebro precisa de atenção para entender algo. Geralmente, nós o usamos quando precisamos compreender algo que requer um pouco mais de esforço mental.

O modo difuso, por outro lado, é aquele em que estamos quando lemos uma revista de amenidades, uma poesia que nos acalma, quando ouvimos música... São atividades para as quais, comumente, precisamos de pouca concentração, pois ali há informações com as quais já tivemos contato e serão facilmente processadas pelo cérebro (Oakley *et al.*, 2019). Quando você deixa as atividades do seu mestrado para a última hora, você retira do seu cérebro a valiosa oportunidade de trabalhar em modo difuso. Com que tempo ele vai aprender? Você não está dando tempo a ele...

Vira e mexe, ao editar uma tese para ser transformada em livro ou artigo, por exemplo, tento achar a sequência mais adequada para dado capítulo, mas as coisas não se encaixam muito bem. Leio, releio, desloco determinados trechos... A cabeça fica cansada, porque estou superconcentrada, mas não consigo o resultado que quero, que é a fluidez do discurso — tendo a pensar que um texto elegante é como um bailarino experiente: dono de um corpo transmutado em ave, é como se estivesse voando diante de quem o vê...

Quando chega o cansaço, sei que o recurso mais eficiente com que posso contar é dar uma parada, tomar um ar fresco e até olhar o céu ou qualquer coisa que não tenha relação com aquele texto. Um ou dois dias depois — às vezes, preciso até de mais tempo —, volto a ele, releio-o e, então, vou entendendo melhor as mudanças que tenho que fazer para que ele fique lógico, coerente.

Por que isso acontece? Porque permiti ao meu cérebro sair do modo focado e passar a trabalhar no modo difuso. Entende por que é preciso organizar sua atuação no tempo quando se trata de escrever um trabalho científico?

Rotina, bem-estar e inspiração

Fui para a escola muito cedo, aos 4 anos. A vila onde nasci havia deixado de ter jardim de infância — injustamente, os pais se revoltaram com a professora, pois a julgaram negligente ao descobrirem que duas crianças haviam brincado de médico na escola. Sem jardim da infância, entrei no ensino fundamental muito antes do que seria considerada a "idade certa" — para a época, 7 anos. Tão logo isso ocorreu, escrevia sempre, com meu caderno de estampa xadrez "Chico Bento" verde e o lápis decorado com um ovo, brinde que vinha dentro do pacote de macarrão.

Sem saber, criei o hábito de escrever, uma habilidade que aperfeiçoo continuamente, porque leio com frequência e porque escrevo quase todos os dias. Quando alguém diz que as revisões e críticas que faço a um texto científico o tornam mais bonito e justificam que isso acontece porque eu teria facilidade e talento para escrever, lembro que isso é fruto de uma rotina que não programei criar, mas, felizmente, se fez, porque me dediquei continuamente a ela, ainda que sem pensar. Falemos de hábitos que costumam favorecer quem escreve, então.

Sempre recomendo que você tenha um lugar que seja confortável para escrever. Mas, ciente dos hábitos de escritores famosos, tenha em mente que o adjetivo confortável deve ter um sentido muito pessoal. Por exemplo, preciso de escrivaninha, mas adivinha onde Agatha Christie escrevia! Mergulhada na banheira, usando a sacada de mármore como apoio. Há quem goste de trabalhar deitado, caso de Marcel Proust, Truman Capote e George Orwell. Por outro lado, Victor Hugo escrevia de pé, o que também parece ter sido a preferência de Goethe e de Virginia Woolf (Bernardo, 2020).

Particularmente, gosto de alternar um bloco de tempo sentada à escrivaninha e outro de pé, usando o balcão da cozinha. Faço isso, pois descobri na carne que ficar longas horas sentada ou de pé tende a resultar em dores que dificultam muito o nosso trabalho. É verdade que, se você não vive profissionalmente da escrita e atividades afins, tendo de fazer uso dela apenas durante o período de elaboração da sua tese ou dissertação, não vai passar a vida inteira sentado por horas sob pressão para escrever.

O trabalho científico e de escrita é intelectual, mas não só. Ele requer bem-estar físico. Por isso, minhas recomendações, mesmo fora desse período de escrita, incluem cuidar do que você come, respirar, fazer exercícios físicos e ter bom sono. Não sou profunda entendedora da medicina tradicional chinesa, mas gosto muito de seus ensinamentos. Com o Dr. Min Yeng, médico formado pela Universidade de São Paulo, aprendi que todas essas são formas de alimentar o corpo, no canal no YouTube "Segredo dos mestres"*, do qual ele participa com a jornalista Ana Horta.

Meus conhecimentos sobre alimentação são empíricos, e não tenho qualquer autoridade para fazer recomendações além de que você busque uma alimentação o menos processada possível. Eu sei, você ouve isso o tempo todo, mas, pelo fato de nossa cultura alimentar estar cada vez mais baseada em enlatados, talvez você ainda sinta dificuldades nesse campo. Por isso, é preciso um tempo se programando para se alimentar bem, pois, quer se preocupe com isso ou não, vai colher os prejuízos. Vide o filme *Super size me: a dieta do palhaço* (Spurlock, 2004).

Quanto aos exercícios físicos, eles estão incluídos na rotina de alguns escritores famosos, como Stephen King, que caminha todos os dias, e Dan Brown, que começa o dia às 4h, com ginástica, começando a escrever logo em seguida, às 5h, fazendo pausa para descanso e flexões de hora em hora. Ortopedistas e fisioterapeutas recomendam intervalos a cada 50 minutos, para que a musculatura se recupere (Bernardo, 2020).

---

* Confira https://www.youtube.com/channel/UCGCux16v8jtPyN_GVa2kW3Q.

Se você não sabe que exercícios fazer, há excelentes canais de fisioterapeutas ensinando sobre alongamentos. Busque por um e inclua isso na sua rotina. Em geral, quem deixa para fazer o trabalho na última hora tende a ver a prática de exercícios físicos como um luxo e passa horas a fio sentado ao computador. De qualquer maneira, tenho lidado com autores de trabalhos científicos que, ainda antes de os concluírem, passam a frequentar ortopedista, fisioterapeutas e sessões de acupuntura.

Se já sabemos que o cérebro trabalha em modo difuso, o descanso é necessário, sob pena de você obter o oposto do que espera, ou seja, tornar-se cada vez mais improdutivo porque trabalha sem parar, sem se alimentar ou dormir o suficiente, porque acha que assim vai produzir mais. Ledo engano. Não vai e ainda vai ter que investir ainda mais tempo para recuperar a saúde.

O descanso pode ser maior ou menor, dentro do que você considera melhor para o seu processo de produção. Simone de Beauvoir, por exemplo, iniciava sua rotina pela manhã e seguia até o início da tarde, quando parava para ver amigos e só voltava a escrever mais para o fim da tarde. Henry Miller fazia passeios de bicicleta, idas ao museu e encontros com amigos, mas não deixava de fazer anotações e rascunhos enquanto estava nos cafés.

Sei bem que a maioria dos pós-graduandos trabalha em tempo integral e pode não ter como fazer isso. Particularmente, não recomendo esquecer os amigos. Nossa vida social e a troca que podemos estabelecer com algumas pessoas que se dispõem a nos escutar relaxa, traz confiança, renova nossos ânimos para continuar. O mestrado e o doutorado têm tempo para acabar. Boas amizades não deveriam passar por isso, embora seja importante você estabelecer, dentro da sua realidade, qual é o tempo para encontrar seus amigos e pessoas queridas, fazendo-o sem culpa, pois os encontros serão fruto de decisão consciente.

Outro ponto importante, ainda sobre descanso: os cochilos. William Gibson considerava-os fundamentais para seu processo de escrita (Bernardo, 2020). Pessoalmente, tenho provado os benefícios dessa estratégia. Quando criança, após voltar da escola, eu ia até o fundo do quintal, escalava o tronco de uma mangueira e, na gamela que eu havia feito ali com uns matos secos, tirava um cochilo renovador. Não era sono profundo, mas aquele estado em que descansamos os olhos e até ouvimos um pouco do que estão falando à nossa volta... É um hábito que mantenho até hoje. No meio da festa de vinte anos de formatura da faculdade, lá pelas duas da tarde, o que fiz eu? Fui para o quarto tirar minha soneca. Perdi a foto com a turma toda, é verdade, mas voltei renovada para aproveitar o restante daquele reencontro tão especial.

Quando comento sobre minhas sonecas vespertinas, via de regra, as pessoas se espantam: "como assim, dormir no meio da tarde? Não tem nada para fazer, não?" É justamente porque tenho que preciso dessa parada. A situação piora quando digo que, às vezes, tiro duas sonecas no dia. É esporádico, apenas quando começo o dia muito cedo, por volta das 4h da manhã e, então, lá pelas 10h, já sinto cansaço nos olhos. Mas por que as pessoas estranham? Porque nossa cultura ensina que dormir é "coisa de preguiçoso", e isso é registrado no nosso cérebro, de modo que cochilar quando o olho pesa depois do almoço vira o oitavo pecado capital. Para alguém que está escrevendo um trabalho científico, então... Esquartejamento mental é pouco quando se diz que cochilar é um hábito. Pois é justamente se você precisa de concentração que tirar uma soneca é um costume a ser cultivado. A ciência já comprovou os benefícios disso: o costume de cochilar à tarde foi associado à melhora das funções cognitivas em idosos chineses (Cai *et al.*, 2021) e também à sensação de felicidade no trabalho entre profissionais dos Emirados Árabes (Sandybayev, 2019).

"Ah, mas se eu for dormir aí é que eu não faço nada!" Devo explicar que a soneca a que me refiro não é dormir sete anos, como a da salamandra da Bósnia e Herzegovina (Galileu, 2020). É coisa de 20 minutinhos. Tocou o despertador, o compromisso é se levantar. Com o tempo, nem mais ele será preciso para que você faça uso dessa parada estratégica para melhoria da sua produtividade. Você acorda por si.

Qualquer que seja a rotina que você vai estabelecer para ter uma produtividade que lhe permita concluir seu TCC, tese ou dissertação, é preciso ter em mente esta observação de Haruki Murakami, escritor japonês traduzido em mais de 50 idiomas e que entende bem do assunto, pela disciplina presente na sua cultura. Diz ele: "[...] suportar tal repetição por tanto tempo — seis meses a um ano — requer uma boa quantia de força mental e física. Nesse sentido, escrever uma longa novela é como um treino de sobrevivência. Força física é tão necessária quanto sensibilidade artística" (Murakami, como citado em Bernardo, 2020).

À parte o descanso, a alimentação e os exercícios físicos, que são aspectos elementares para atentarmos na nossa rotina, escritores famosos têm o que muitos de nós chamaríamos de "esquisitices", mas que podem fazer muito sentido à visão de mundo de cada um deles. Se você tiver a dádiva de visitar a casa de Pablo Neruda no balneário Valparaíso, vai ver mesas postas com elegantes copos coloridos e ficará sabendo que somente neles o poeta tomava água, pois, segundo a narração que se ouve durante a visita, considerava que a água ficava mais saborosa se o copo tivesse cor. Sua "filosofia das cores" foi parcialmente transposta para a rotina de seu hábito de escrever. Neste, no entanto, ele se recusava a escrever com canetas de outras cores que não a verde, por ser ela o símbolo da esperança. Pense naquilo que faz sentido para você e, se achar que deve, inclua-o na sua rotina.

Escritores famosos não nos ajudam a escrever melhor somente porque estabeleceram hábitos que balizaram a sua escrita. Sobretudo, é importante que observemos o estilo da escrita de cada um. Quando pesquisamos sobre a vida de alguns deles, ficamos sabendo quem foram seus inspiradores. Quando fui estagiária na Secretaria de Comunicação da Universidade Federal do Espírito Santo (Ufes), ganhei de Emília Manente, minha chefe à época, um texto do também jornalista Hélio Alcântara, intitulado "O tempo do abraço". Uma poesia, registrada apenas em uma folha A4 tingida de amarelo pelo tempo, a qual guardo em uma caixa de coisas que dizem muito ao meu coração... Fiquei encantada com o modo como ele escreve, porque aquela sequência de frases tocava todos os meus sentidos.

Também por influência de Emília e, ainda, de Antônio Vidal, professor do Departamento de Filosofia da Ufes, passei a ler Rubem Alves com muita frequência. Mais encantamento! Entendi ali que a escrita requer, antes de tudo, o olhar contemplativo ao que está fora, mas, sobretudo, ao que está dentro de nós. Sem a disposição para isso, dificilmente temos o que escrever.

A escrita, no meu caso, funciona como resultado de tempo de dedicação à realidade, aos seus movimentos sutis, porque esses são mais difíceis de serem percebidos. Por isso, ler textos da psicologia, da filosofia existencial-humanista e da fenomenologia fez, de algum modo, com que eu moldasse meu estilo de escrita. Quando releio o que escrevo, não importa o tempo, sei que ali tem marcas que Hélio Alcântara, Rubem Alves, Carl Rogers e Viktor Frankl carimbaram em mim.

Meu estilo não é o seu, e a riqueza da vida está no que há de singular em cada um de nós. Meu convite é que você comece a sair à busca de inspiradores para lhe carimbar também. Qual a pista de que você achou? O que você lê encontra a visão sobre o mundo e sobre o ser humano que carrega consigo, às vezes, sem que tenha se dado conta disso.

Ainda, falar de estilo de escrita quando se trata de um texto científico requer levarmos em conta especificidades de cada área. Por exemplo, textos da saúde e exatas são mais diretos, com caráter bastante objetivo. Não é que as ciências humanas permitam "encher linguiça", mas os programas dessa área costumam incentivar uma escrita mais poética, mais fluida. E, neste caso, reitero: o olhar para os dados deve estar combinado com um olhar para os lugares mais recônditos de nós, entendendo que, como pesquisadores, estamos emaranhados ao objeto do nosso estudo, que, invariavelmente, é o próprio ser humano.

Dito isso, é preciso pensar, também, nesse humano que escreve e no ser humano que nos lê. Que concepção temos acerca do que é ser humano e da própria ciência, que é um instrumento que também reflete nossa humanidade, na medida que, a partir dela, podemos agir sobre o mundo? Por isso, escrever é, também, um processo filosófico. Mesmo nas ciências exatas. Porque, se concordarmos que a ciência é um projeto coletivo, o que tratamos em nossos trabalhos serve ao conjunto da humanidade.

Nos estudos científicos que desenvolvi, a concepção que tenho sobre ser humano está sempre conectada ao meu modo de trabalho. Essa concepção foi formulada a partir do que pude aprender com os pensadores e escritores aos quais fiz menção neste texto, podendo ser resumida neste conjunto de frases:

* que nossa humanidade não é um dado *a priori*, mas uma condição que se faz conforme transcorre nossa existência;
* que, como humana, há em mim a centelha da curiosidade, como aquela que habita os bebês, cuja única tarefa parece ser observar o mundo com atenção;
* que, à medida que conheço, tenho a certeza socrática de que há tanto por ser descoberto;
* que aprender é um processo que vai me acompanhar por toda a vida e aprenderei melhor quando o que aprendo fizer sentido ao meu existir;
* que, ainda que eu tenha aprendido que ser avaliado é um ato que fala de mim, porque sei que estou em construção, o que está feito pode, sempre, de uma próxima vez, ser melhor, porque estou continuamente em aprendizagem;
* que aprender é um processo que se dá em comunhão com aqueles que se dispõem a fazer comigo uma jornada, uma companhia necessária, dada a interdependência entre mim e os demais da minha espécie.

Essa concepção, por estar tão entranhada em mim, perpassa este texto, e sinto-me agradecida por ser guiada por ela quando lido com mestrandos e doutorandos. Vejo-a quase como um tranquilizador para que essas pessoas vivenciem uma experiência tão rica, mas ainda tão prejudicada por visões e atitudes que me propus a discutir neste texto. Agradeço pelo seu tempo e disposição para a leitura!

REFERÊNCIAS

Bernardo, A. (2020, fevereiro 14). *As 10 manias mais curiosas de escritores famosos*. Superinteressante. https://super.abril.com.br/mundo-estranho/as-10-manias-mais-curiosas-de-escritores-famosos/

Cai, H., Su, N., Li, W., Li, X., Xiao, S., e Sun, L. (2021). *General Psychiatry, 4*(1). http://doi.org/10.1136/%20gpsych-2020-100361

De Oliveira, K. L. (2011). Considerações acerca da compreensão em leitura no ensino superior. *Psicologia, Ciência e Profissão, 31*(4), 690-701. https://www.redalyc.org/pdf/2820/282021813003.pdf

De Santi, A. (julho, 2020). *A ciência da procrastinação*. Superinteressante. https://super.abril.com.br/comportamento/a-ciencia-da-procrastinacao/

Freire, P. (1996). *Pedagogia da autonomia: sete saberes necessários à prática educativa* (25a. ed.). São Paulo: Paz e Terra.

Galileu (2020, fevereiro 6). *Após dormir por 7 anos, salamandra acorda em caverna na Bósnia e Herzegovina*. https://revistagalileu.globo.com/Ciencia/Biologia/noticia/2020/02/apos-dormir-por-7-anos-salamandra-acorda-em-caverna-na-bosnia-e-herzegovina.html

Lima, A., e Catelli, R., Jr. (2018). *Inaf Brasil 2018: resultados preliminares*. https://acaoeducativa.org.br/wp-content/uploads/2018/08/Inaf2018_Relat%C3%B3rio-Resultados-Preliminares_v08Ago2018.pdf

Llorente, A. (2020, maio 2). *Como Albert Einstein organizava seu tempo e por que às vezes se esquecia até de almoçar*. BBC News Mundo. https://www.bbc.com/portuguese/geral-52466100

Maturana, H. (2002). *Emoções e linguagem na educação e na política* (J. F. C. Fortes, Trad.). Belo Horizonte: UFMG.

Ministério da Educação. *Parâmetros curriculares nacionais: língua portuguesa* (1997). Brasília: Secretaria de Educação Fundamental. http://portal.mec.gov.br/seb/arquivos/pdf/livro02.pdf

Oakley, B., Sejnowski, T., e McConville, A. (2019). *Aprendendo a aprender para crianças e adolescentes* (2a. ed., R. L. Camarotto, Trad.). Rio de Janeiro: BestSeller.

Popova, M. (2012, novembro 20). The daily routines of great writers. The Marginalian. https://www.themarginalian.org/2012/11/20/daily-routines-writers/

Sandybayev, A. (2019). Daytime nap as a factor of happiness to impact on work performance: evidence from the United Arab Emirates. *Journal of Administrative and Business Studies, 5*(3), 138-152. https://www.researchgate.net/publication/338422182_Daytime_nap_as_a_factor_of_happiness_to_impact_on_work_performance_Evidence_from_the_United_Arab_Emirates

Spurlock, M. (Diretor). (2004). *Super size: a dieta do palhaço*. Estados Unidos, The Com.

Terra, R., e Calil, R. (Diretores). (2020). *Narciso em férias*. Brasil: Globoplay.

PARTE 4

CAPÍTULO 12

CONSIDERAÇÕES FINAIS

Adonai José Lacruz e
Maria Clara de Oliveira Leite

RETOMANDO A EPÍGRAFE DESTE LIVRO, NA QUAL CITAMOS NERUDA, "escrever é fácil: você começa com uma letra maiúscula e termina com um ponto-final. No meio você coloca ideias", chegamos ao final com a esperança de que este livro possa ajudar a organizar as ideias ao escrever projetos de pesquisa.

O projeto de pesquisa é uma daquelas coisas cujo fim se constitui, necessariamente, o início de outra. Dessa forma, ao escrevê-lo, o tomamos, simultaneamente, como meio e fim — à guisa do conceito de "fim em si mesmo", de Kant.

Como fim porque tem um objetivo próprio: constituir-se planejamento da pesquisa. E como meio porque se espera, desde o início da sua redação, querer continuá-lo em algo novo. Isto é, que, do projeto de pesquisa, derive a tese, a dissertação etc. e, igualmente, que suas decorrências deem novos frutos (por exemplo, artigos e livros).

Não se nega, porém, que, ao concluir o projeto de pesquisa, se queira, por um momento, livrar-se dele: concluído... fim... acabou... pronto!

Passada a euforia da consecução da "peça" projeto de pesquisa, porém, volta o desejo de enfrentar o desafio autoimposto, de percorrer seu roteiro para responder à pergunta que inquieta.

Além das relações diretas do projeto de pesquisa com suas derivações naturais, voltamos a ele, muitas vezes, na busca por referências e orientações para desenhos de pesquisa de novos projetos de temas e/ou design próximos. Assim, um projeto de pesquisa, quando bem feito, orienta não apenas a pesquisa para a qual se originou, mas outros projetos, impensados quando da sua elaboração.

Ver a obra nascer e dar frutos traz uma satisfação que acalenta e inspira. É reconfortante chegar ao final com um trabalho do qual se possa orgulhar, da mesma forma como é um convite a novas aspirações e recomeços.

Por fim, não no sentido de aconselhar, mas de compartilhar experiências, para que cada um possa refletir a respeito, pegamos carona no pensamento de Lacan, que dizia que a fantasia é a verdadeira sustentação do desejo, para alertar que, depois que conquistamos algo que desejávamos, tendemos a diminuí-lo em termos de importância.

Ao mesmo tempo que isso é produtivo, pois sentimos necessidade de ir mais, ir além e explorar novos horizontes, corre-se o risco de ser ingrato consigo mesmo. Não há contradição entre buscar novos desafios e estar satisfeito com o resultado daqueles já enfrentados. Neste sentido, essas considerações finais podem ser pensadas também como considerações iniciais na medida em que constituem um convite para atentarmos aos novos desafios que se apresentam a partir dos projetos de pesquisa.

ÍNDICE

A

abordagem qualitativa, 29, 32, 42, 53, 64, 73, 80

abordagem quantitativa, 29, 32, 76, 84, 97

abordagem teórica, 100

achados do estudo, 36, 80, 93

alegações do pesquisador, 56

amostragem, 81, 89, 96, 97, 98, 99, 103

análise de dados, 17, 18, 22, 30, 33, 34, 35, 39, 53, 55, 56, 72, 80, 81, 84, 85, 87, 90, 91, 93, 97, 100, 102, 103

B

base de dados, 20, 114, 124, 125, 126

C

ciência aberta, 33

coleta de dados, 17, 18, 22, 33, 34, 39, 80, 81, 84, 85, 87, 88, 93, 95, 98, 100, 103, 139, 146

Comissão Nacional de Ética em Pesquisa, 137

Conep, 133, 137, 139, 140, 145

comitês de ética em pesquisa, 132, 136, 137

confiabilidade, 81, 90, 91, 92, 93, 103

confidencialidade, 139, 142, 146

consentimento informado, 142, 146

contribuições práticas, 70

contribuições teóricas, 68

corpus, 17, 34, 81, 96, 98, 99, 103

D

dados secundários, 18, 33

dados textuais, 88

definição constitutiva, 43, 56, 60, 100

definição operacional, 81, 103

delimitação, 29, 81, 95, 99, 100, 103

delineamento, 4, 81, 82, 101, 103

descritivo, 86, 87, 121, 122, 124, 126, 127

E

estratégia de investigação, 22, 31, 32, 33, 39, 73, 81, 83, 96, 103

estratégia de observação, 81, 103

ética, 4, 111, 131, 132, 133, 135, 136, 137, 140, 142, 143, 144, 145, 147, 148

exploratório, 86, 87

F

fundamentação teórica, 4, 22, 26, 27, 28, 38, 41, 42, 52, 54, 55, 57, 59, 76, 83, 102, 116

G

gancho narrativo, 64, 65, 66, 77

H

hipótese, 29, 43, 52, 53, 54, 55, 56, 58, 60, 86, 87

J

justificativa, 25, 43, 44, 45, 49, 50, 51, 60, 63, 67, 93, 94, 119, 120, 123, 128, 145

L

lacuna, 27, 28, 42, 44, 47, 48, 49, 51, 60, 63, 64, 67, 68, 69, 70, 71, 74, 77, 98

lente analítica, 43, 52, 55, 60

lente teórica, 9, 54

limitações, 22, 31, 35, 36, 39, 55, 58, 63, 64, 67, 69, 70, 74, 77, 96, 99, 100

longitudinal, 32, 148

M

mensuração, 33, 35, 36, 53, 73, 83, 90, 92, 126

método, 20, 31, 37, 38, 42, 54, 55, 58, 63, 64, 70, 77, 81, 83, 84, 85, 86, 93, 94, 99, 100, 101, 102, 103, 111, 112, 113, 116, 119, 120, 122, 126, 162

método misto, 31, 42, 54, 64, 73, 83, 84, 85

método qualitativo, 20, 37, 38, 58, 101

O

objetivo de pesquisa, 29, 119

objetivo geral, 64, 74, 77

objetivos específicos, 64, 74, 77

objeto de investigação, 17, 29, 81, 95, 103

observação, 33, 34, 53, 73, 81, 83, 87, 89, 103, 161

P

percurso metodológico, 72, 93

pesquisa mista, 73, 90

pesquisa qualitativa, 37, 53, 56, 75, 81, 92, 101, 102

população, 67, 75, 87, 96, 97, 112, 113, 132, 150

pré-teste, 90

problema de pesquisa, 9, 22, 25, 26, 27, 28, 29, 38, 47, 49, 51, 62, 63, 64, 65, 66, 67, 71, 74, 77, 79, 81, 97, 100, 117, 118, 119, 152

produtos tecnológicos, 107, 116, 117, 118, 120, 121, 122, 124

protocolo ético, 132

Q

questão de pesquisa, 22, 25, 28, 29, 30, 31, 32, 39, 43, 44, 50, 51, 57, 58, 60, 62, 64, 66, 72, 75, 90

questionamentos fechados, 84

R

recorte espacial, 81, 103

recorte geográfico, 95, 99

recorte temporal, 81, 95, 96, 103

referencial teórico, 117, 119, 153

revisão da literatura, 4, 22, 26, 27, 28, 38, 41, 42, 44, 45, 46, 48, 49, 50, 51, 52, 57, 59, 60, 61, 76, 79, 83, 102, 117, 152, 153

revisão narrativa, 45

revisão sistemática, 45

S

saturação, 98, 99

T

tamanho da amostra, 17, 81, 96, 97, 99, 103

tamanho do corpus, 98, 99

tema de pesquisa, 20

Termo de Consentimento Livre e Esclarecido, 138

transversal, 36, 81, 87, 103

U

unidade de análise, 29, 81, 88, 95, 99, 103

universo, 31, 96, 98, 135, 136, 144

V

validade, 81, 89, 90, 91, 92, 93, 103

variáveis, 19, 28, 33, 34, 42, 43, 53, 54, 55, 56, 60, 64, 65, 67, 68, 73, 81, 86, 90, 94, 99, 100, 103, 126, 150

Projetos corporativos e edições personalizadas
dentro da sua estratégia de negócio. Já pensou nisso?

Coordenação de Eventos
Viviane Paiva
viviane@altabooks.com.br

Contato Comercial
vendas.corporativas@altabooks.com.br

A Alta Books tem criado experiências incríveis no meio corporativo. Com a crescente implementação da educação corporativa nas empresas, o livro entra como uma importante fonte de conhecimento. Com atendimento personalizado, conseguimos identificar as principais necessidades, e criar uma seleção de livros que podem ser utilizados de diversas maneiras, como por exemplo, para fortalecer relacionamento com suas equipes/ seus clientes. Você já utilizou o livro para alguma ação estratégica na sua empresa?

Entre em contato com nosso time para entender melhor as possibilidades de personalização e incentivo ao desenvolvimento pessoal e profissional.

PUBLIQUE SEU LIVRO

Publique seu livro com a Alta Books. Para mais informações envie um e-mail para: autoria@altabooks.com.br

CONHEÇA OUTROS LIVROS DA ALTA BOOKS

Todas as imagens são meramente ilustrativas.

/altabooks   /alta-books   /altabooks   /altabooks

Este livro foi impresso nas oficinas gráficas da Editora Vozes Ltda.,
Rua Frei Luís, 100 – Petrópolis, RJ.